Ⓢ新潮新書

窪田新之助　山口亮子
KUBOTA Shinnosuke　YAMAGUCHI Ryoko

誰が農業を殺すのか

JN030063

976

新潮社

はじめに

　それまで勤めていた通信社を辞めて、農業を主戦場とするフリーのジャーナリストになってからしばらくしてのこと。東京大学農学部の先生から研究室での内輪の懇親会に誘われ、在籍する中国人の留学生たちに混じって参加させてもらったことがある。進路や結婚といった卑近な話題を酒の肴に雑談するなかで、とくに印象に残ったのは、ある大学院生から投げられたこんな言葉だった。

「日本の農業はこれからどんどん縮小して、農家も減っていく。その分、農業界は発言力を失っていくわけだから、あなたの仕事だって減る。将来をどう考えているの？」

　軽いノリで発せられた割に、こちらの急所をえぐるような質問に、ドキリとなった。

ただ、すぐに気を取り直した。筆者（山口）は中国の大学院に3年間留学した経験から、中国人が、日本人なら大きなお世話だと怒りだしそうなことでも悪気なく、ときには親切心で聞いてくるお節介さを持っていることを知っている。彼の場合も、話をしているうちに、単に興味本位で尋ねたことが分かった。

農家の高齢化と後継者の不在、それに伴う相次ぐ離農や耕作放棄地の増加……。世間に喧伝されているこうした〝危機的な状況〟から、日本の農業は衰退の一途にあると感じているらしい。お先真っ暗な業界において、フリーのジャーナリストの居場所などあるのだろうか。農業に興味があるからというだけで、寄る辺なく書き続けるのは、今まではなんとかやってこられたにせよ、長い目で見れば先がないのではないか。どうやら彼はこんなことを言いたかったようだ。

筆者がやっていけるかどうかは、今後の踏ん張りと運次第だろう。一方で、彼自身はというと、「留学を終えたら、帰国して農業ビジネスを手掛ける」という。離農が加速度的に進んでいるのは中国も同じ。理由は、国全体の経済成長から農業が後れを取っているからだ。商工業との所得格差が生まれるなかで、零細な農家がより高い収入を求めて他産業へと流出している。その結果、農地の集約化と大規模化が否応なしに進んでいるところだ。それに伴い、「新農人《しんのうじん》」と呼ばれる経営の大規模化や販路の開拓に意欲を持った若手農家が生まれてきている。他産業に遅ればせながらも、農業の成長がいよいよ始まっているのである。

そこで、彼は農業ビジネスを立ち上げて、一山当てようと決意した。もともと中国で就いていた安定した職を捨て、日本の最高学府に留学しているのもそれが理由である。

彼は、日本語がままならず、英語と中国語で情報を収集していて、農業現場は観光農園を除いてほとんど訪れたことがなかったという。そのせいか、中国と同じように、日本の農業でもこれまでになかった好機が生まれていることには気づいていないようだ。日本では、圧倒的多数を占める零細な農家が生産をやめるのに伴い、農業を生業とする人々が増えている。これは、中国の現状と極めてよく似ている。

先進国の仲間入りをして久しいはずの日本における農業の発展段階が、経済成長のただなかにある中国のそれと、なぜこうも似ているのか。その要因は、日本において零細な農家の退出を食い止める「保護農政」が取られてきたことにある。ただ、ここにきて、農政が保護してきた零細な農家は、高齢や後継者の不在を理由に一斉に農業をやめていこうとしている。これは、日本の農業が発展する大きな転換点となる。

ところが、農政はそれを好機と捉えず、表向きは別にして、実質的かつ根本的には従来の方針を変えようとしていない。それが農業の将来にとって妨げになっている。本書の主眼は、食と農のさまざまな現場からこの問題を追及することにある。

本来、先進国は商工業で培った豊富な資本を農業に投じることが可能だ。それによって農業でも技術革新が起き、生産性が高まるのは自然の流れである。

だが、日本の場合、現実は異なる。稲作を根幹とする水田作を中心に生産性が向上しなかった。農林水産省や都道府県、市町村、さらには最大の農業団体であるJAが農業を「保護すべき対象」とみなして、補助金や交付金などの財政出動を盛大に行ってきたからだ。それによって、本来なら他産業に移っていくはずの零細な農家が農業に留まることができた。

ただ、農政が農業を魅力に欠ける姿にしてきた結果、多くの農家で後継者がいない。そして、いまやそうした農家が高齢を理由に一斉に廃業する「大量離農時代」に突入している。これは、農業という産業にとっては好機といえる事態である。意欲と能力のある農家に農地が集まるからだ。農政の方でも、第2次安倍政権になってようやく「農業の成長産業化」を前面に押し出すようになった。農水省によると、「農業の成長産業化」とは、「経営感覚に優れた担い手の育成」「産地の収益力・生産基盤の強化」「国内外の需要フロンティアの拡大」といったことである。端的に言えば、それは、市場の拡張と農業経営の自立にあるということだろう。

農業の総産出額は約9兆円に過ぎない。かたや加工や流通、小売などを含めた食品産業全体を見渡せば、産業規模は約100兆円にまで広がる。農業の伸びしろはそこにある。すなわち、農業生産という枠組みだけに留まるのではなく、サプライチェーンの各領域のプレイヤーと連携して契約栽培や商品開発などをすれば、付加価値を生み出すことができる。さらには、成長を続ける海外の食品市場に輸出していく。日本で始まった大量離農は、こうした力強い農業が生まれる契機ともなるのだ。

では、実際の農政はそうした動きを支援するように変容してきているのかといえば、残念ながら、先ほど述べた通りそうはなっていない。「農業の成長産業化」を掲げているのにもかかわらず、保護農政に固執し続けているのだ。

一例を挙げれば、農水省による輸出拡大策である。人口減少で食の国内市場がしぼむ分、農畜産物の海外輸出を促進することは評価に値する。だが、農水省が毎年発表している輸出額の内訳をみると、大半は外国産の農畜産物を原料にした加工食品ばかり。これでは国内農業の成長につながるはずはない。

しかも、農政は輸出の芽をつぶすことまでしている。というのも、農業にとって価値の源泉となる種苗が海外に無断で流出する事態を黙認しているのだ。流出した種苗は海外で産地化され、輸出機会の損失につながる。これのどこが輸出の促進なのだろうか。現場をつぶさに取材すると、こうした農政のちぐはぐさは枚挙にいとまがない。

つまるところ、日本の農業はかつてない成長を遂げる好機を迎えているのだけれども、肝心の農政がそれをつぶしてしまっている。農家や産地の躍進にブレーキをかける農政の動きを止めなければ、今あるまたとないチャンスは雲散霧消し、保護されないと継続できない弱い農業が残されてしまう。

農政は昔から、くるくる変わる「猫の目農政」と揶揄されてきた。そのちぐはぐさをこの辺で是正しないと、それこそ冒頭の中国人留学生の心配が、杞憂ではなく現実のものになりかねない。

日本が長年にわたって保護農政を続けられたのは、商工業の経済成長により農業の面倒をみるだけの余裕があったからだ。社会全体に余裕がなくなった以上、一刻も早く農業を産業として自立できるものにするべきである。それが、折からのロシアによるウクライナ侵攻もあって、化学肥料の原料や原油、穀物の価格高騰といった食と農の危機とされる事態に日本が直面した今、本書を世に問う大きな理由である。
なお、登場する人物の肩書は基本的に取材当時のままとした。

山口亮子

誰が農業を殺すのか　目次

第一章　中韓に略奪されっぱなしの知的財産

1　中国の〝フルーツのトップスター〟はなぜ愛媛生まれなのか

門外不出の「愛媛38号」がなぜか中国で産地化

やはり今でも出回っているのか……。中国・四川省発のニュースを読んで、やるせない気持ちになった。

「愛媛で生まれ、四川で興る」――。経済専門の全国紙「金融投資報」は2021年11月22日、こんなタイトルで四川省眉山の丹棱《たんろう》県という果樹産地の近況を伝えた。

記事が紹介したのは、愛媛県が育成したというカンキツ「愛媛38号」。それが近年、丹棱県で栽培が急速に広がり、ネット通販大手「拼多多《ピンドゥオドゥオ》」の人気ランキングでカンキツのトップ3に躍り出た。2021年産のカンキツの全栽培面積は1万2000ヘクタールで、このうち「愛媛38号」が15％を占めるまでに広がっている。つまり1800ヘクタールで、これは日本有数のカンキツ産地である佐賀県で栽培されているあらゆる品種の総面積に匹敵する規模だ。

記事は、「愛媛38号」が中国生まれの一般的なカンキツよりも高品質で、高単価であるとも記している。だからだろうか、掲載されている写真からは、畑で働く男女が楽しげに袋掛けに勤しむ様子が伝わってくる。愛媛県が育成したカンキツが自県の農家のみならず、正規のルートで海を渡り現地の農家の心や懐を潤しているなら、育成者冥利につきるはずだ。

だが、事実は異なる。記者は意図しなかったのだろうが、この記事は見過ごせないある国際的な問題に触れてしまっている。「愛媛38号」、これは愛媛県にとって門外不出なのだ。したがって、何者かが愛媛県内で枝を盗み、中国に違法に持ち込んだ可能性が高い。

優れた特性を持つ種苗が、日本から海外へと無断で持ち出される事案が相次いでいる。収量や病害虫への抵抗性、食味に優れている種苗は、農業の生産性を向上させる。ひいては日本農業の競争力を高めることにもつながるのだが、海外に持ち出されて現地で栽培されれば、その生鮮品が逆輸入されて、国内の産地に打撃を与えかねない。あるいは、それが現地で遺伝資源として用いられ、より優れた種苗の育成がなされて、海外市場で人気を得れば、日本にとって輸出する機会の喪失にもなりかねない。

国内における食の市場が縮小するなか、日本政府は海外に市場を求めるべきだとして、2019年に「農林水産物及び食品の輸出の促進に関する法律」を成立させ、2022年にさらなる販路拡大のために改正を加えた。改正法に基づき、官民一体となって輸出を拡大し、農林水産物・食品の輸出額を2025年までに2兆円、2030年までに5兆円にするという目標の達成を目指す。だからこそ、種苗が海外に無断で流出することは見過ごせない問題なのだ。

それなのに、この問題が後を絶たないのは、意図的に持ち出そうとする人々が存在するからである。本章では、長年にわたってそれを見過ごしてきた農政の怠慢を問題としたい。

農水省はこれまでの怠慢を改めるかのように、種苗を知的財産として保護する「種苗法」を2020年に改正し、その海外への違法な持ち出しに刑事罰を科せるようにした。ほとんどの人は、これで歯止めがかかると早合点している。

しかし、残念ながら、今回の法改正にはそこまで強い効果を持たせることはできなかった。法改正までの議論の過程で一部の農業関係者から不当な根拠に基づく強固な反対を受け、骨抜きにされてしまったのだ。そうした残念な結果に至ったのもまた、農水省と地方行政機関の間で改正の理念を共有できなかったためである。本章では、こちらの問題も追及していく。

まずは種苗の無断流出の実態を知ってもらうため、引き続き「愛媛38号」を取り上げる。このカンキツは、いったいなぜ中国で産地化されているのか。当の愛媛県はどのような認識でいるのか。冒頭の記事からさかのぼること1年半、同県を取材した様子からたどっていこう。読者には、農政が知的財産権をないがしろにしてきた実態が見えてくるはずだ。

無断流出を知らなかった県職員

「えっ……本当ですか」

電話の相手は、疑問とも感嘆ともとれる口調で声を絞り出してから、黙り込んだ。ひりひりした空気が流れる。どうやら寝耳に水の情報を伝えてしまったようだ。

問い合わせた相手は、愛媛県の農業担当者。内容は、同県から無断で中国に流出しているのではないかと疑いを持った「愛媛38号」についてである。

このカンキツを事前に中国の検索エンジンで調べると、苗の販売や栽培に関する情報がいくらでも見つかったのだ。一連のサイトに載っている情報が確かに「愛媛38号」についてであるなら、育成者である愛媛県のあずかり知らぬところで、その産地が形成されているのではないか。やがて農業担当者から返ってきたのは、意外な答えだった。

「愛媛38号は、市場にはデビューしていません。県の研究所内にしかないはずなんですよ」

ふつう、都道府県は種苗を育成したら、その都道府県名を冠した「系統名」を付ける。愛媛県なら「愛媛○号」、あるいは「愛媛果試○号」という感じだ。

その系統が収量や品質で優れていると判断して、市場に送り出す場合には、農水省の品種登録制度に基づいて「品種登録」をするのが一般的である。たとえば「愛媛34号」という系統は「甘平《かんぺい》」として品種登録されている。

品種登録をするのは、種苗法に則って育成者の権利が保護されるからだ。保護されるとは、種苗や収穫物、一部の加工品を商業目的において独占的に利用できるという意味である。

系統のうち品種登録に至るのはごくわずかだ。愛媛県によれば、カンキツでは1万に一つ、二つとのこと。それ以外の系統は日の目を見ないまま、遺伝資源として保存されることになる。ただ、そうして眠っているなかにも、消費者の嗜好や気候の変化を受けて、時間をおいてから突如として世に引っ張り出される系統もある。

ある系統を品種登録する場合、研究所から持ち出して農家に栽培させ、狙った通りの性質が保たれているか試すことになる。品種が登録され、市場に受け入れられれば、地域の内外に広がっていく。

「愛媛38号」、正式名称「愛媛果試第38号」はというと、品種登録はされておらず、残念ながら本書を執筆している2022年9月時点では日本では商業的に栽培されていない。ただ、皮肉なことに無断で流出した先の中国では商業栽培され、さらに愛称「果凍橙（ゼリーオレンジ）」や略称「愛媛橙（愛媛オレンジ）」などいくつかの名前で呼ばれるほど親しまれている。県の研究所内だけで細々と栽培が続いているはずのカンキツが違法性の疑われる形で流出している可能性があることに衝撃を受けた。

〝フルーツのトップスター〟

厄介なことに、中国で「愛媛38号」が普及しているのは四川省だけに収まらない。中国版「ウィキペディア」である「百度百科《バイドゥ》」によれば、湖北省、湖南省、浙江省、福建省でも産地化されている。つまり、上海のすぐ隣の沿海部からチベット自治区に近い内陸部まで、東西およそ2000キロ、南北数百キロにわたって産地が点在する。直線距離だけでいえば、北海道の最北端から九州の最南端までが約1900キロだから、それよりも長い。もちろん、一つの品種や系統がこれだけの範囲で広がっている事例は日本ではない。

「愛媛38号」は、中国ではしばしば〝フルーツのトップスター〟として持ち上げられてきた。そもそも中国全土のカンキツ生産量は5000万トンを超えており、世界で1位である。1980年には100万トン程度だったのが、経済発展とともにすさまじい勢いで生産を伸ばし、リンゴを抜いてフルーツの中で1位になった。そんな「柑橘帝国」中国のネット通販で頭角を現したのが「愛媛38号」なのだ。

冒頭の記事によると、このカンキツを丹棱県にもたらしたのは、現地で活躍する果物の専門家である譚後根氏だという。譚氏は、同県の農業局副局長を務め、県政府によって「丹棱カンキツの父」とたたえられている。人気のあるカンキツ「不知火《しらぬひ》」の普及でも知られる。これは、日本では「デコポン」として名が通っている。農水省所管の研究機関である「国立研究開発法人　農業・食品産業技術総合研究機構（以下、農研機構）」が開発し、「熊本県果実農業協同組合連合会（JA熊本果実連）」がその商標の登録を済ませ、人気に火が付いた品種だ。

譚氏は、1998年に研究団を引き連れて日本から30以上の〝新品種〟を持ち帰り、適性を試した。そのなかに含まれていた「愛媛38号」では現地で接ぎ木をして、果実を実らせることに成功した。

その特徴は、皮が薄く、果汁が多いこと。ただ、知名度がなく安値のわりに、生産費がかかるとして、現地の農家には歓迎されなかった。果汁の滴る瑞々しさというこのカンキツの付加価値が理解されるには、中国人の経済力がもう少し上がるのを待たねばならなかった。

「愛媛38号」は後年になって、「果凍橙」なる愛称が付けられたことで、ネット上で注目を集めるようになる。「果凍」はゼリーの意味で、それだけ瑞々しいことを表す。果実を半分に切って握り潰し、果汁を勢いよく飛び散らせる。あるいは、果実に直接ストローを突き立て、そのまま果汁を吸えるとアピールする。こうした宣伝動画が話題を呼び、2020年時点の現地価格はかつての10倍の500グラム10元（当時の為替レートで

155円）まで上がったという。

なお、譚氏は長年にわたるカンキツの生産振興の功績により、中国の最高行政機関である「国務院」から終生の生活手当を受けている。

輸出に冷や水を浴びせる無断流出

「中国で別のカンキツに愛媛38号の名前を勝手につけて、流通している可能性もあるとは思います……」

先ほどの取材で、愛媛県の農業担当者は、そうであってほしいと祈るような口調でこう付け加えていた。同県にとって、育成したカンキツの種苗が中国に無断で流出することは、脅威である。すでに述べたように、安価な中国産の「愛媛38号」が輸出されて人気を博せば、同県産のカンキツの輸出機会を損ないかねない。だから、信じたくない気持ちは分からなくはない。

とはいえ、別物である可能性は限りなくゼロである。そう言い切る理由は二つある。

一つ目は、もし別物であれば、愛媛県のごく一部の関係者以外は誰も知らない「愛媛38号」と名付ける意味がないからである。ブランドとして価値がない系統名を付けて、普及することに積極的な理由は見出せない。

二つ目は、普及した譚氏が愛媛から持ち帰ったと認めているのだ。これは、なにより
も確かな証拠である。

おそらく、愛媛県の農業担当者も、それは十分に承知なのだ。それでも認めたくない胸の内を推察するに、無断流出という本来あってはならない現実が起きていれば、責任問題に発展しかねないし、場合によっては身内の関与まで疑う事態になりかねないからではないか。行政職員のOBが海外の産地から営農指導のコンサルタントとして招かれ、ついでに自県の種苗を無断で持ち出したという噂は、ときどき流れてくる。

愛媛県にとって、農産物のなかでもカンキツは特別である。同県の農業産出額は1226億円（2020年）。このうちカンキツは367億円と全品目のなかで1位で、全体の30%を占める。ただし、このカンキツの産出額には「紅まどんな」や「甘平」のような比較的新しい品種が入っておらず、これらも含めると、その農業産出額はもっと高いはずだ。カンキツの生産量（21万トン）と産出額は和歌山県を抑えて、ともに日本一を誇る。

とくに強みを持つのが、温州みかんの収穫が終わった1〜5月ごろに出回る「中晩《ちゅうばん》

柑《かん》」だ。愛媛県を代表する中晩柑といえば「いよかん」。最近の品種でいえば「紅まどんな」や「甘平」がそうだ。

ここ30年間ほど（１９９０～２０２０年）の愛媛県の生産量を見ると、カンキツ全体は4割近く減る一方、「紅まどんな」や「甘平」を筆頭に中晩柑の生産量は急速に伸びている。生産されている中晩柑は40種類あり、ライバルである和歌山県の29種類、熊本県の24種類に比べて抜きんでて多い。そして、問題の「愛媛38号」も中晩柑の一つだ。

同県内の農家が高付加価値の中晩柑に生産を切り替えたことで、カンキツの産出額は横ばいである。ただし、国民1人当たりの消費量は減少基調にあるうえ、人口減少で国内市場の縮小が続くと予想されている。そこで、同県は香港や東南アジア、台湾などへの輸出を後押ししている。愛媛県産のカンキツの輸出量は、２０１０年度に15・７トンだったのが、２０２1年度には１０７・2トンと、約7倍に増えた。なお、この数量には県が把握しない分もあるので、実際の輸出量はさらに多いとみられる。

それだけに、愛媛県にとって自県が育成したカンキツが海外、とくに中国で産地を形成しては困る。なぜなら、中国でもカンキツは国内向けが飽和状態になりつつあり、ここ数年は毎年１００万トン前後を海外に輸出しているからだ。その延長線として、日本へ逆輸入される可能性は否定できない。

これは杞憂ではない。過去には山形県が開発したサクランボ「紅秀峰《べにしゅうほう》」の事例がある。同県内の農家から枝を譲り受けたオーストラリア人が現地で大規模に栽培し、日本に逆輸入しようとしたことが２００５年に発覚したのだ。同県がオーストラリア人を種苗法違反で刑事告訴し、品種登録期間の終了後3年は日本に果実を輸出しないことで和解している。

愛媛県が開発し中国に無断流出しているのは「愛媛38号」だけではない。「紅まどんな」「甘平」「媛小春《ひめこはる》」の種苗も、中韓の販売サイトで出回っている可能性がある。

理解に苦しむのは、なぜ「愛媛38号」の無断流出に愛媛県が気づかなかったのかということだ。中国で広範囲に産地が形成され、ネットに情報があふれているにもかかわらず、取材を受けるまで流出を把握していなかった。１９９８年とされる中国への持ち出しから20年以上知らないままだったというのは、自らの知的財産を保護することに関心がなかった現れである。それは、次のような話からも見て取れる。

窃盗、譲渡、ブローカー

愛媛県はこれまで、育種や栽培技術の開発を担う「果樹研究センター」や「みかん研究所」において、中韓から数多くの視察団を受け入れてきた。ただ、種苗がこれだけ無断流出しているというのに、視察団の受け入れ体制は隙だらけだったようだ。県によると、一団体当たりの視察者は10～20人であることが多い。一方で、対応する職員は通常1人に過ぎない。

職員は、県が開発したカンキツを植えている園地に案内する。園地は広く、枝葉が茂っているため、職員の目が行き届かないところがある。そんなときに盗みが起きる。

「愛媛県の職員の話では、中国人の視察団が帰った後、枝が切り取られているのに気づいたということでした」

こう証言するのは愛媛県のカンキツ農家。中韓の視察団が愛媛県内の農家を視察して、そこでも無断で枝を折って、持ち帰ったという話も聞いている。

持ち帰った枝を自分の産地で接ぎ木をすれば、簡単に増殖できる。この農家自身も「苗を人に譲り渡したいから売ってくれないかという連絡が来たことはある。連絡をしてきた人も、譲り渡す先が県外ということまでしか知らず、どこの誰なのか把握していなかった。もちろん、断った」と話す。

なお、愛媛県は知的財産の流出を防ぐ観点から、10年ほど前から原則として海外の農家や農業団体の視察を受け入れていない。

種苗の持ち出しを手がけるブローカーの存在も指摘されていて、その情報は農水省にも届いている。外国人と思われる人物が種苗の販売業者に連絡をして、たどたどしい日本語で、種苗について細かな問い合わせをしてくることがあるという。

現地行政も種苗持ち出しに関与

こうした流出には、往々にして海外の現地行政が関与しているから厄介だ。農水省系の学術研究団体である「公益社団法人　農林水産・食品産業技術振興協会（JATAF）」の調査報告は、韓国におけるそうした実態を伝えている。日本のカンキツの導入とブランド化が進んでいる済州島を2014年に調査した際、現地で育種を手がける公的機関が、「今までは品種保護の法律がなかったので、日本から持ってきて接ぎ木して増やした」と認めた（「平成25年度東アジア包括的育成者権侵害対策強化委託事業カンキツ調査報告」）。

中国で広まった「愛媛38号」でも、その普及に現地の行政がかかわっていた。百度百科は、丹棱県以外の産地にいかに普及したかも紹介している。2017年には「中国農業科学院」の「柑橘研究所」が福建省で導入し、目覚ましい成果を上げたという。中国農業科学院というのは、国直属の農学分野の研究機関。つまり、産地化には国の意向が反映されていたことになる。後ほど触れるように、中国は国家的に、種苗の知的財産権の侵害を放置しているどころか、侵害に加担している事実が散見される。

中韓に無断流出した多数の種苗

この問題が厄介なのは、日本の優良な種苗のうち無断で流出したのはカンキツだけではないからだ。農研機構が育成したブドウ「シャインマスカット」や、静岡県が育成したイチゴ「紅ほっぺ」の種苗が中韓で無断で販売されているなど、その例を挙げればきりがない。

社団法人や研究機関などで構成する「植物品種等海外流出防止対策コンソーシアム」は2020年9月、「中国、韓国のインターネットサイトで、日本で開発された品種と同名またはその品種の別名と思われる品種名称を用いた種苗が多数販売されている事例

日本生まれの品種の栽培面積

シャインマスカット（ブドウ）

国	栽培面積(ヘクタール)	国内でのシェア(%)	年
中　国	53,000(推定)	7	2020
韓　国	1,800	15	2019
日　本	1,840	10	2019

2020年以降、中国全体の10%のシェアを占めると言われている。

紅ほっぺ（イチゴ）

国	栽培面積(ヘクタール)	国内でのシェア(%)	年
中　国	44,000	25	2018〜2019
日　本	5,020(イチゴ総栽培面積)	－	2020

植物品種等海外流出防止対策コンソーシアムと農水省の資料より作成

が明らかとなった」と発表した。イチゴ、サツマイモ、カンキツ、リンゴ、ブドウ、ナシ、カキ、モモなどで36品種が確認されたという。

ただ、現実には、無断流出は36品種などという数字には到底収まらない。そう言い切れるのは、日本のイチゴ農家から次のような話を聞いたからだ。中国・上海にある公的研究機関を訪ねた際、日本で育成された名の知られたイチゴの品種がほぼすべてそろっていたという。

流出した品種の日中韓における生産量を比べたのが上の表だ。この表では、たとえば種なしで皮ごと食べられるブドウ「シャインマスカット」については、中国における栽培面積が日本の約29倍に達すると推計されている。

「シャインマスカット」の損失額は推計で100億円以上

「シャインマスカット」といえば、「農研機構果樹研究所ブドウ・カキ研究拠点」が、高温多湿の条件でも果実が割れにくい品種と認めて育成したうちの一つ。大粒で香りの良いヨーロッパブドウと、病気に強いアメリカブドウをかけ合わせることで、両方の良さを兼ね備えているブドウとして、2006年に品種登録を済ませている。

その大産地は、いまや日本ではなく中国である。農水省は、中国への無断流出による損失額を推計。2022年7月、年間100億円以上に達していると発表した。品種の育成者である農研機構に本来支払われるべき許諾料（ロイヤリティ）を、出荷額の3％として計算すると、この額になるという。

韓国にも無断で流出し、中韓で栽培が広がり、タイや香港などに果実が輸出されている。したがって、農水省が試算していない、輸出機会の喪失に伴う損失額も相当あるとみるのが自然だ。

中韓から許諾料を取るにはもう遅い。農研機構が青果物の輸出を想定しておらず、海外での品種登録を怠っていたからだ。海外で品種登録できる期限は、自国内で譲渡を始めてから6年以内。「シャインマスカット」はこれをすでに過ぎているので、海外での栽培はいまや合法であり、農研機構は許諾料の支払いを求めようがない。中韓で産地化されていることは、農研機構とそれを所管する農水省の手落ちだ。

国や地方自治体が税金を投じて育種をしながら、無断流出によって図らずも海外の農業を振興し、日本農業の足を引っ張る。日本の農政はこれまで、そんな悪循環を生み続けてしまった。

無断流出の背景に行政の無策

ところで、ここまで読み進めた読者は、こんな疑問を持っているのではないか。なぜ日本の種苗が狙い撃ちされるのか、と。

一つは日韓、そして中国の一部の気候が温暖かつ湿潤であるという点で似通っていることが挙げられる。

もう一つは、日本の経済発展が中韓に先んじた結果、より食味を重視した育種が進んだからだ。一般に育種の第一の目的は、収量の向上である。経済が発展して消費者に余裕が出てくると、二次的に味や外観の良さ、栄養面での機能性を求めるようになる。

中国についていうと、1978年に改革開放が始まってようやく、育種の研究が本格的になされるようになった。最初は、とにかく穀物の収量を上げることが第一だった。筆者（山口）が2010〜13年に中国・北京で暮らした際、ニュースで華々しく報じられる育種の成果は、穂が通常の数倍ある巨大なイネなど、収量改善を目的とするものだった。ただ、急激な経済発展の結果、価格が高くても味の良い農産物を食べたいという欲求が、富裕層だけでなく中間層も含めて高まっていった。主食であるコメはもちろん、野菜や果物の育種でも味が追求されるようになる。とくに日本の果物は「甘くておいしい」と人気だ。

食味に加えて外観もよく、耐病性もある。こうした優れた性質の種苗を満足に持たなかった中韓にとっては、日本の種苗をそのまま国内に持ち込んで根付かせるのが手っ取り早い産地振興の手段だった。

加えて、農水省が無関心だったことも看過できない。種苗の無断流出が数十年にわたって続いたにもかかわらず、その規制に本腰を入れ、現地調査や法改正といった対策を講じ始めたのはここ数年のことだ。

過去を振り返れば、国際協力の名のもとに公的機関も含めて研究者や農家が、国内の種苗を積極的に海外に持ち出したり、栽培技術を指導したりした時代すらあった。中国でリンゴの「ふじ」が6割強のシェアを誇るのも、「あきたこまち」が生産されているのも、その名残である。ある意味、国や自治体の農政により種苗の持ち出しという道がひらかれ、その後、放置された。その無策ぶりについては、後ほど改めて追及する。

2　〝意識高い系〟が反対した種苗法改正

簡単に起こりうる育成者権の侵害

農水省も輸出拡大を掲げながら、優れた種苗が海外で産地化される事態を放置しておけないと、対策に動き出す。海外への無断流出を断ち切るために計画したのが、種苗法の改正だ。2020年3月に改正案を国会に提出した。

ところが、意外なことに反対運動が盛り上がる。その結果、後ほど述べるように改正案はしばらく棚ざらしにされてしまった。

ここで、本節の主題である種苗法の概要とその改正の経緯について説明したい。この法律は、植物の品種の開発者に知的財産権である「育成者権」を認め、種苗や収穫物、一定の加工品を利用する権利を専有すると定めるなど、その権利を保護することをうたっている。

新しい品種を生み出すには、多くの年月と費用、専門的な人材が必要になる。期間だけでいっても、ふつう10年はかかるとされる。「シャインマスカット」の場合はそれより年月を要し、18年かかった。

これだけの多大な投資を必要とするのに対し、一部の作物ではその複製がいとも簡単にできてしまう。例えば、イチゴは、株から伸びるランナーと呼ばれる茎の先に新たな株を生じる。ジャガイモは、収穫物の一部を次の年の種芋にすることができる。このように、収穫物や株の一部を種苗として次の作付けに利用することを「自家増殖」と呼ぶ。自家増殖により、育成者権の侵害は簡単に起こり得るのだ。

育成者権の保護が及ぶのは、育成者が種苗法の品種登録制度に基づいて登録した「登録品種」に限られる。それ以外は「一般品種」と呼ばれる。これは、古くから国内に存在する在来種のほか、開発したものの品種登録に至らなかったり育成者権を保護する「品種登録期間」が切れたりした種苗のことである。

種苗法は1998年の公布以来、改正を重ねるごとに育成者権の保護を強化してきた。それでも、最新の2020年の改正前までは「登録品種」の扱いについて課題があった。「登録品種」を自家増殖し、海外に持ち出すことは、今回の改正前から禁じている。ところが、日本で購入した種苗を海外に持ち出すことを禁じていなかった。このことは、種苗を無断で流出させる原因になっていたはずだ。

必要だった改正による水際対策の強化

種苗の保護を定めた国際条約に、「植物新品種の保護に関する国際条約（UPOV条約）」がある。同条約では、品種の開発者に対して認める知的財産権である育成者権は国ごとに登録することになっていて、世界規模で一括登録できる仕組みはない。だから、海外で品種登録されていないと、その国での育成者権を主張することができない。国内の少なからぬ育成者が、この国境の壁に泣かされてきた。

したがって、海外のそれぞれの国で品種登録をすることは、無断流出を防ぐ有効な手立てだ。実際、国内の産地は花形の新品種を市場に出す前に、海外での登録手続きをとるようになってきたし、農水省もそれを推進するための予算をつけ、登録にかかる経費を助成している。

ただし、いくら農水省が支援してくれるといっても、助成額は品目ごとの定額か、諸経費の2分の1以内であり、全額を出してくれるわけではない。加えて、登録の手続きには、代理人を立てたり、書類を翻訳したり、審査や栽培試験の経費を負担したりと時間も手間もかかる。育成者が農研機構や都道府県なら、海外で品種登録をするための予算や人手を確保することもできよう。ただ、登録品種の育成者のうち2割を占める個人育種家となると、こうした負担は重荷になる。現に中国で「日本新品種」として売られているものには、育成者が都道府県でも種苗会社でもない、個人育種家の手になるものも含まれているようなのだ。

そこで、農水省は今回の改正案で、育成者が栽培地域を日本国内や特定の都道府県に限定して、違反があれば育成者権の侵害だと訴えることができるという規定を付け加えた。また、農家の自家増殖は育成者の許諾を得て行うと明記した。

より手厚く育成者権を保護し、より優れた品種の開発を促しつつ、海外や産地外への種苗の無断流出を阻止する――これが種苗法の改正の主眼である。もちろん、法規制ができたからといって無断流出を完全に防ぐことはできないが、違法を理由に取り締まれるようになったことは評価できる。

種苗法のこれまでの改正の流れを踏まえれば、もっともな帰結である。だが、不思議なことに、それを否定する反対運動が巻き起こった。改正法が2022年4月に施行されてからも、従来どおりの自家増殖を認め許諾を求めない事例が、とくに都道府県の育成した品種に多い。改正の目的が果たされない事態になっている。

反対派の中心にいたのは、著名な農業経済学者や元農相、JAの組合長らである。農業の知的財産の一つである種苗を保護するための法改正であるというのに、なぜ彼らはそれに反対したのか。

そのことを追及すると見えてくるのは、大衆から強い批判を受けると、大きな目標をうっちゃって政策を軌道修正してしまう農政の弱さだ。この場合の大きな目標は「農業の成長産業化」である。これは、政府が中長期的に取り組むべき方針をおおむね5年ごとに定める「食料・農業・農村基本計画」の2020年版で、基本的な方針として掲げられている。まずは当時起きた出来事から振り返っていきたい。

反対運動に火をつけた有名女優の投稿

「#種苗法改悪反対」

「#日本の農家を守れ」

こんなスローガンやハッシュタグが2020～21年にかけて、ネット上にあふれかえった。種苗法改正への反対運動を一気に盛り上げたのが、女優の柴咲コウさんが2020年4月にツイッターに投稿した呼びかけだった。

「自家採取（筆者注：採種）禁止。このままでは日本の農家さんが窮地に立たされてしまいます。これは、他人事ではありません。自分たちの食卓に直結することです」

柴咲さんは北海道にも居を構え、こう投稿した翌年の2021年に同地で有機農業を始めた。農業への関心を強める中での意見表明だった。その投稿は瞬く間に拡散されて、共感を集める一方で批判も浴びた。改正をめぐる議論が一気に沸騰し、柴咲さんは投稿を削除したものの、これを境にネット上では反対派が賛成派を圧倒する。これらの批判には、改正案を踏まえない感情的なものが多い。報道も事実を曲解したものが少なくなかった。いずれも、育成者権を守るという視点が往々にして欠落していた。最も極端な反対論は次のようなものだ。

「日本の農業が海外のバイオメジャー（バイエル、ダウ・デュポンなど種苗や農薬を販売する大企業）に乗っ取られる」

「日本でも遺伝子組み換え作物ばかりが作られるようになる」

「改正によって、バイオメジャーが日本の既存の品種を自社で開発したものとして登録できるようになる」

いずれも、認識が間違っている。

そもそも日本には、遺伝子組み換え作物の栽培が普及する素地がない。それは、環境保護団体の反対にあうなどして栽培できない環境にあるからだ。消費者の遺伝子組み換え作物に対する嫌悪感も強い。

それに、日本で種苗が海外企業に独占されると考えること自体、国内の種苗業界に対する過小評価に他ならない。日本の種苗会社は世界に伍せる力量を持っている。株式会社サカタのタネとタキイ種苗株式会社は、野菜種子のシェアが世界的に高く、世界の種苗会社の売上高ランキングでトップ10に入っているのだ。

法改正により、日本の市場が遺伝子組み換え作物であふれかえるという主張もある。だが、日本人の遺伝子組み換えに対するアレルギーは強い。第四章で触れるように、現状のままでは農家が生産できる見込みはない。

日本の種苗の市場はこれ以上の拡大を望みにくい。人口減少に伴って農業産出額の増加が見込めないためで、国内企業ですら海外に活路を求めている。そんな時代に、バイオメジャーが巨万の富を生める余地が、日本にあるのだろうか。実態を踏まえない反対運動を展開する論者は、種苗法の重要性を理解するのを拒んでいた。彼らは過去にも、種苗法に名前の似ている「種子法」の廃止に強く反対した。詳しくは第六章で解説する。ここでは、「反対のための反対」をする勢力が農業界にいることを指摘しておきたい。

消費者の農業への無理解と不安

種苗と育成者権の保護――。こうしたことを目的に始まった種苗法の改正が強固な反対を受けた背景には、コロナ禍に伴う消費者の食への関心の高まりとともに、ＳＮＳなどで誰もが気軽に発言できるようになったことで露呈した、農業への無理解がある。

種苗法の改正が議論された当時、飲食物と免疫力の関係について科学的な根拠に基づかない情報がメディアやSNSをにぎわせていた。何を食べるかにいつも以上に過敏になった人の一部は、安心・安全な食を手に入れたいと情報収集するうちに「種苗法改悪」を知る。とくに有機食品を好んで買うような〝意識高い系〟の人々のなかから、SNSを使って種苗法改正に感情的に反対する集団が現れた。

改正への反対運動は、消費喚起のムーブメントでもあった。反対の中心にいた人々やマスコミにとって、その波に乗ることは自分を売ることにつながるからだ。

結局、2020年の通常国会は種苗法の改正案を審議しないまま閉会。11月に臨時国会でようやく審議を始め、12月に可決した。そして2022年4月、ほとんど世間の耳目を集めないまま、完全施行された。

3　知的財産権を軽視する農業界の重鎮たち

元農相やＪＡ組合長が強く反対

種苗法の改正に対する反対運動は、消費者の単なる勘違いという面も大きい。しかし、それだけで片づけることはできない。元農相やＪＡ組合長らがあえて事実や科学に基づかない反対論を展開していたからだ。彼らの言動は、種苗法の成立から20年以上がたっても、農業界において知的財産権の重要性を無視した主張がまかり通っていることを印象付けた。

育成者権を真っ向から否定する言動を繰り返したのが、反対運動の旗振り役の一人である山田正彦元農相だ。弁護士であり、旧民主党の菅直人政権で農相を務めた。

「種子は生きている命であり、絶えず変化するものである。前述したように国連でも農民の種子の権利は明らかにされている。人類の遺産であり、皆のものである。それを知的財産権の対象として企業の金儲けの対象にしているというのはやはりおかしいのだ」

（山田正彦著『売り渡される食の安全』角川新書）

山田元農相に同調して改正に反対を表明した組織「日本の種子《たね》を守る会」には、組合長をはじめとするJAグループの複数の関係者がかかわっている。同会は2020年4月9日、当時の会長である八木岡努氏（JA水戸組合長）の名前で発表した「種苗法改定案に対する見解」で、次のように指摘した。

「農家の現場は、イチゴや芋類、サトウキビなど多種類が種苗を毎年新規に購入しそのまま使う割合は1割以下であり、ほとんどが自家増殖で増やして使用しています。その自家増殖を許諾制及び使用料が必要となれば、農家経営を圧迫し破綻に追いやることです」

この主張は現実と異なる。イチゴやイモ類は自家増殖を続けると病害が蔓延しかねず、育成者である都道府県は基本的に毎年種苗を更新、つまり買いなおすことを奨励している。JA水戸の主要作物はまさにそのイチゴとサツマイモで、地元の農政関係者は当時、「なぜ八木岡組合長が反対しているのか、その懸念しているところがよく分からない」といぶかしげに話していた。

上記の作物でほとんどを自家増殖で増やしているのは、沖縄県と鹿児島県の一部が主産地のサトウキビくらいだ。そのサトウキビにしても、育成者である農研機構や沖縄県は、産地振興のためにも許諾料が農家の負担にならないようにすると明言していた。

山田元農相や「日本の種子を守る会」の主張は根拠に乏しいにもかかわらず、一部の農業関係者や消費者から支持を集めた。そのことは、育成者権という知的財産権の重要性をいまだにきちんと認識していない日本人が多いことを示している。

育成者に許諾料を支払うことで育種というビジネスを成り立たせ、優れた種苗を生み出し続ける。そんな種苗法の基本理念を農政が現場に周知徹底できなかったことの証左と言えよう。さらに問題なのは、反対運動が盛り上がったことで、育成者権の強化という改正の目的が、都道府県の農政において看板倒れに終わったことである。

余談になるかもしれないが、八木岡氏には彼が会長を務めるJAグループ茨城を通じて、JAの不祥事について取材を申し込んだことがある。残念ながら、やんわりと断られてしまった。直前に、複数のオンライン・メディアでJAの批判をしていたことが理由らしい。

その批判とは、JA共済という保険商品を巡る違法性が疑われる販売方法に対してだ。全国各地のJAは職員にノルマを課し、こなせない分は自ら、あるいは家族や友人に加入してもらい、その掛け金を自ら負担させる「自爆」と呼ぶ営業を強いている。後ほど分かったことだが、ＪＡグループ茨城でも自爆営業が起きていた。八木岡氏が取材を断ったのは、この問題を追及されると思ったからかもしれない。いずれにせよ、種苗法の件といい、ＪＡ共済の件といい、取り巻きだけで固めて不都合な情報を遮断していては、農政にとってもＪＡにとっても実のある方向性を打ち出せないだろう。

許諾手続きが骨抜きに

改正種苗法は２０２２年４月に完全施行された。改正により、農家が登録品種を自家増殖する際に育成者に許諾を求め、育成者の求めに応じて許諾料を支払うことになった。この法改正の趣旨をくんで対応を変えたのが農研機構である。一方で、都道府県のほとんどは知的財産の保護よりも農業現場の混乱や反対を恐れたようで、従前の対応を維持したままだ。

まずは農研機構から変更点を見ていこう。農研機構は単独で育成した登録品種の一部について、自家増殖のための許諾に係る手続きや費用を求めている。次のように三つのカテゴリに分けて対応している。

許諾手続きが不要：イネ、コムギ、オオムギ、ダイズ、サトウキビ、ソバ、ハトムギ、ゴマ、ナタネ、花き、牧草、トウモロコシなど
許諾手続きが必要だが許諾料は無償：サツマイモ、イチゴ、ジャガイモ、茶
許諾手続きが必要で許諾料が有償：果樹（ブドウ、カンキツ、カキ、ニホンナシ、クリ、リンゴ、モモなど）

許諾を得るには、農家、または複数の農家で構成するようなとりまとめ団体が、農研機構のホームページにある申請フォームから許諾手続きを行う。許諾料のかかる果樹は、1本あたり農業者個人の場合は100円、とりまとめ団体の場合は50円（いずれも税込）となっている。

果樹で許諾料をとる理由を、農研機構はこう説明する。

「品種のブランド価値を守り、国内の生産者が品種のメリットを最大限享受できるよう、育成者権の適切な管理を行うためのコストの一部として、これまで種苗を購入する際に負担いただいていた許諾料と同等の水準の許諾料を自家用の栽培向け増殖本数に応じて

負担いただくこととしました」（「農研機構育成の登録品種の自家用の栽培向け増殖に係る許諾手続きについて（農業者向け）」）

都道府県の対応はというと、基本的に自家増殖を無償としている。許諾制にしたかどうかは、同じ品目でも、都道府県によって対応が分かれている。

カンキツを例にとると、カンキツの生産量のトップ2である和歌山県と愛媛県は、県の定める遵守事項を守れば、許諾手続きも許諾料も不要とした。なお、愛媛県は、カンキツの新品種である「愛媛果試第48号（紅プリンセス）」のみ許諾の手続きが必要とし、花とコメの1品種ずつについて自家増殖を禁じている。

原則、許諾を求めるのは静岡県だ。「自家増殖は可、許諾は要、費用は無償とします」としている。

熊本県も自家増殖に事前の届け出を要する品目にカンキツを含めている。なお、自家増殖を禁じる品目（イチゴ、水稲、イグサ、ナス、メロン、ニガウリ）も設けた。

多くの都道府県は許諾を不要としており、完全施行に伴う変化は少なそうだ。

ＪＡグループの機関紙「日本農業新聞」は、果樹の産出額上位10県を調査しており、「農家の負担増を防ぐため、許諾料は10県全てが県内の農家に限って原則無償とする。

許諾手続きも6県が不要とした」と伝えている（2022年4月1日オンライン版「改正種苗法が完全施行　果樹上位10県『自家増殖』許諾料無償に」）。

許諾料を求めない背景には、産地を振興するために育種をしている立場上、農家に新たな負担を求めにくいという事情がある。

加えて、反対運動が盛んだった時期、自家増殖のための費用や作業の負担が生じることに難色を示すJA関係者が多かった。組合員には零細農家が多く、費用の負担を嫌がられる可能性が高いからだ。

さらに、JAの事務負担が増えることへの不満もあった。育成者に許諾を求める手続きについて、農水省としてはJAがとりまとめることを期待していたからだ。書類提出による許諾申請すら求めない都道府県が多いのは、JAへの配慮もあるに違いない。

結果、無断流出に歯止めをかける種苗法を改正した目的は、現場の運用においてほぼ有名無実となってしまった。

4　種苗は海外展開で守れ

種苗法と品種登録制度が持つ根本的課題

種苗法を改正した目的が、現場の運用によって達成されない。加えて、改正後の種苗法にも根本的な課題がある。同法に基づく品種登録制度が、価値を生み出す体系になっていないのだ。

「品種登録をしても、今の種苗法のもとではあまり価値を生まない」

こう指摘するのは、ブドウの育種家である志村富男氏だ。ブドウの育種と栽培を手掛ける志村葡萄研究所（山梨県笛吹市）の所長で、育種の経歴は半世紀に及ぶ。育成した100近い系統のうち、世の中に送り出したのは生食用が20、ワイン用が10で計30にもなる。そのほとんどを「お金ばかりかかって仕方がないから」と、品種登録の申請をしてこなかった。

志村氏は、種苗法の改正により、自家増殖が許諾制になることについて「ブドウといった果樹については、増殖の制約が非常に緩かった。品種を一生懸命作った人の権利をきちんと守ってもらうのは、非常にいいこと」と評価してはいる。法改正に伴い、自身の開発した「富士の輝《かがやき》」という人気の高い品種について海外流出のリスクもあるという指導を受け、国内外で品種登録を出願した。

ただ、品種登録によって儲かるようになるとは考えていない。果樹の場合、法令違反がないかチェックする機能が働きにくいからだ。

たとえば花きの場合、許諾料を収入源とする民間企業が育成した品種が多い分、卸売業者といった流通の関係者が育成者権の侵害に敏感である。種苗法は販売する種苗に対し、登録品種である場合はその旨を表示するよう義務を課しているが、その対象外の切り花であっても、品種名を明記する場合が少なくない。

育成者権を侵している可能性のある商品が市場に入荷すると、卸売業者といった市場関係者が出荷者に確認し、場合によっては育成者に通知する。種苗法違反となれば、その商品はもちろん流通しない。業界として法令順守を徹底しており、育種をビジネスとして成り立たせている。

一方の果樹は「まだそこまでになっていない」(志村氏)。志村氏がこれまでもっぱら収入を得てきたのは、育成した品種の許諾料からではなく、ブドウ栽培に関するコンサ

登録品種の作物別の割合（1978〜2018年の累計）

種　類	件　数	割　合
草花類・観賞樹	21,478	78%
食用作物	1,447	5%
野　菜	1,846	7%
果　樹	1,430	5%
その他	1,195	4%

農水省「国内外における品種保護をめぐる現状」（2019年12月23日）より作成

ルティング業務からだった。とくに全国のワイナリーに品種の選定から栽培までをアドバイスしてきた。

登録品種の作物別の割合をみると、果樹の割合は5%とかなり低い（上の表）。これは、果樹の育種がビジネスとして成り立ちにくい状況を反映している。ビジネスになりにくい理由は、改正前の種苗法で自家増殖がやりたい放題だったということにとどまらない。もっと構造的な問題がそこには横たわっているのだ。

公的な育種が盛んなほど種苗産業が成立しない

「野菜と花き」と「コメ、ムギ、ダイズと果樹」。この二つのグループ分けは、日本で育種している主体の違いを意味する。前者は種苗会社による民間育種が、後者は公的機関による育種が盛んだ。前者は、種苗を販売した際に得られる許諾料で成り立っている。対して、後者は、基本的に税金の投入に依っている。つまり種苗の販売や許諾料の徴収で儲けるしくみになっていない。ここから先、問題にしたいのは後者のほうだ。

直近の改正まで、種苗法が自家増殖を禁じていなかったため、自家増殖が簡単にできる作物は民間育種の対象になりにくかった。改正後も、育成者権の保護が十分になされる環境にはなく、今後もこうした作物の育種を産業として成り立たせるのは難しい。

そのため、民間育種が活路を求めたのは野菜の種子、とくに「F1種」だった。F1種は、二つの異なる親を掛け合わせ、それぞれの性質を発揮させたものだ。親から子へ同じ特徴が受け継がれる「固定種」に比べ、生育や形状がそろいやすく、病気に強い性質を持つものが多い。スーパーなどに並ぶ野菜の多くはF1種だ。

F1種は、「雑種第一代」という別名が示すとおり、自家採種をして二代目を育てようとしても、狙った性質が初代のように均一には現れない。農家は毎年種苗を購入することになり、種苗会社は育種に投じたコストを種苗代として回収することができる。

国内の種苗会社は、野菜のF1種の開発にとくに強みを持つ。種苗の輸出額は2012年に94億円だったのが2017年に154億円と伸びている。とくに野菜の種子の輸出で日本は世界の上位に入る。民間育種は、品種の持つ価値で利益を生み、競争力を高めてきた。

コメ、ムギ、ダイズや果樹の育種で乏しい商業感覚

そうならなかったのが、公的機関による育種だ。これまで育成されてきた種苗のレベルは高く、国内の農家を潤わせたのは間違いない。しかし、ビジネスの視点を欠いた育種が続いたことは、大きく三つの問題を生んでいる。

一つ目は、育種の停滞である。都道府県が持つ農業試験場の予算は減少傾向にあり、公的機関が品種登録する数は年々減っている。

二つ目は、需要を反映しない開発競争の激化だ。とくにコメで、家庭消費用で食味の良い、いわゆるブランド米が道府県によって過剰なまでに生み出されてきた。このことは、第五章で改めて解説する。

三つ目は、種苗の無断流出が放置される事態を招いたこと。すでに指摘したように、愛媛県は自らが育成した「愛媛38号」の無断流出をおよそ20年にわたって把握していなかった。「シャインマスカット」にしても、農研機構に種苗で儲ける発想があれば、流出は防げたはずだ。

これらの問題を解決するには、種苗の開発費を受益者が負担する形に転換する必要がある。種苗法改正に伴って導入された自家増殖の許諾制は、受益者負担を可能にするので、公的機関はむしろ積極的に使っていくべきだ。

農水省は、優れた種苗を開発し、輸出を増やしたり海外で事業展開したりすることを掲げている。「国内市場の拡大が見込めない一方、種苗の国際競争の激化が見込まれており、我が国種苗会社のさらなる輸出拡大や海外展開が重要」だとしている（農水省「種苗をめぐる情勢」2021年4月）。この認識は少しずれている。民間育種は、すでにサカタのタネやタキイ種苗などの国際競争力を持った企業が出ている。改善が必要なのは、むしろ公的機関による育種の方だ。

海外の生産者から許諾料を得る長野県

モデルになりそうな取り組みがある。長野県によるリンゴ「シナノゴールド」の海外展開だ。

同県が開発したこの品種は、果皮が黄色く、シャキシャキとした果肉の食感、それから甘みと酸味のバランスの良さを特徴とする。イタリア北部に位置する南チロルで試験栽培をし、好結果を得た。長野県は、いずれはこの品種が同地をはじめとする海外で栽培されて輸出されることまでを見越して、世界90カ国で「yello（イエロー）」という名前で商標を取得する。そして2016年、この「yello」という商標の使用許諾（ライセンス）契約を南チロルの二つの生産者団体と結んだ。その許諾料は、育種の財源に充てられている。イタリアでの実績を受けて、オーストラリアでも2019年以降、同様の展開を始めた。

興味深いのは、長野県が商標登録によって知的財産を保護したことだ。南チロルでの試験栽培を始めた2007年時点で、「シナノゴールド」の育成者権を海外で取得することはできなかった。

理由は、UPOV条約にある。同条約では、ある国で登録された品種について、海外でもそれを行う場合の申請期限を自国内で種苗の譲渡を始めてから6年（果樹などの場合）と定めている。「シナノゴールド」はその期限を過ぎていたのだ。

海外展開の可能性に気づいた時点で育成者権を取得する期限が切れていたのは、先ほど紹介した「シャインマスカット」と共通する。違っていたのは、南チロルの生産者団体が同県と友好関係を築いたうえで栽培したいと希望したこと。そして、同県が知的財産を守るために権利化の道を探ったこと、である。

最終的にたどり着いたのが、商標を取得し、知的財産を保護する方法だ。商標を登録すれば、同じ、あるいは似たような商標の使用を禁じ、模倣品を排除できる。二つの生産者団体に「yello」をEU内で独占的に栽培し販売することを認め、種苗と果実の販売額から一定の割合で許諾料を徴収している。もちろん、日本への果実の逆輸入は禁止。ウェブサイトやカタログで同県が権利を持つ品種だと明示させて、同県の知名度の向上に貢献することを求めている。

なお、商標権は知的財産権の代表格である。その取得を農水省は支援しておらず、支援のあり方について2022年になってようやく議論を始めたところであることを付け加えておく。

種苗は海外展開で守る時代へ

長野県によると、南チロルの生産者団体と契約の締結を検討していた2007年前後、育成した種苗を海外で許諾契約を結んで栽培する事例は日本にほとんどなかった。今でこそ、同県のように許諾契約とセットで種苗を海外に送り出す動きは、民間の種苗会社でみられるようになった。ただ、公的機関では依然として珍しい。

実は、海外のパートナーと許諾契約を結んで現地に栽培を広げることこそ、種苗の無断流出を防ぐ最も効果的な手段である。すでにみてきたように、種苗の無断持ち出しを水際で食い止めるのは、難しい。おまけに、育成者がそれを察知したとしても、権利侵害を立証して法的対処をとるには、多大な費用がかかる。その点、海外に栽培を許諾するパートナーを持てれば、そのパートナーは自らに認められた栽培や作物の販売といった権利を守るため、権利侵害に目を光らせてくれることが期待できる。

この方法で中国における権利侵害を阻んだのが、韓国の公的機関だ。その「慶尚北道農業技術院」は「クリスマスレッド」というイチゴについて、中国の種苗会社に種苗の生産と販売の独占的な許諾を与えた。この種苗会社が中国で勝手に種苗の生産と販売をした同業者を訴え、勝訴した。

水際対策の強化だけで種苗の育成者権を守るのは、土台無理な話だ。海外でパートナーを見つけて種苗を送り出し、許諾料を得る。日本でも、こうした仕組みの構築を、特にビジネスの視点を欠きがちな公的機関こそ推し進めなければならない。

これまで見てきたとおり、農政は農業の大本となる種苗の価値が損なわれ、海外で産地化される事態を放置してきた。しかも、日本の競合産地が生まれていることに対して、いまだに根本的な解決に踏み出そうとしていない。それなのに、輸出を増やそうというから、笑うに笑えない。次の章では、こうした不都合な事実に目を背け、号令だけを高らかに打ち鳴らすことに甘んじる輸出戦略の呆れた実態を解き明かす。

第二章　「農産物輸出5兆円」の幻想

1　農水省が自賛する「輸出1兆円」の呆れた実態

〝輸出1兆円達成〟はミスリード

ときに統計は嘘をつく。メディアはそれを鵜呑みにし、国民は報道された情報を信じる。こうして誤った統計に基づく〝事実〟の独り歩きが始まる。もちろん、それは国が発表する統計でも同じだ。

農林水産物・食品の年間輸出額が初の1兆円突破へ——。農水省は2021年8月3日、こう発表した。この数字を達成することは、農業の成長産業化を掲げる第2次安倍政権と、そのあとを継いだ菅政権にとって悲願だった。農業生産額を2013年の9兆円強から12兆円に回復させ、農業所得を10年間で倍増させると掲げた「農業・農村所得倍増計画」(以下、所得倍増計画)の重要な構成要素だったからだ。

農水省によるこの発表の根拠は、2021年上半期だけの輸出実績である。それは5407億円で、上半期の実績としては最高額であったものの、1兆円を達成するのは単なる「見込み」に過ぎなかった。これを受けた報道は、おおむね次のとおりで、1兆円の達成がまるで日本の農林水産業が盛況であることを示しているとでもいいたげだ。

「今年上期の農産物輸出額は過去最高　年1兆円視野に」（朝日新聞、8月4日）
「農産物輸出、最高の5千億円超　1～6月、牛肉や清酒好調」（共同通信、8月3日）
「農水産物輸出　ニーズ捉えて拡大加速したい」（読売新聞、8月24日）

農林水産物の輸出額が増え、生産者の収入が増える――。そんな農林水産業の明るい未来を、これらのタイトルは伝えたいようだ。記者発表や公表資料が強調しているのは、農林水産物の輸出増加である。農産物を例に取ると、牛肉（223億円、前年同期比119・3％増）や日本酒（174億円、同91・7％増）、コメ（27億円、同1・3％増）などの伸びを説明している。

実際に、1兆円突破が確定したと農水省は2022年2月4日に発表する。前年比25・6％増の1兆2385億円という結果だった。この際も、メディアの報道は農水省の発表をなぞるだけで、概して祝賀ムードだった。しかし、この〝輸出1兆円達成〟は、農水省による明らかなミスリードである。1兆円という数字ありきの水増しがされているからだ。

チョコレートやコーヒー、ココアが日本の「農産品」？

チョコレート、コーヒー、ココア、ソース混合調味料、清涼飲料水……。これらの加工食品を見て、日本の農業にとって有益な輸出品目と思う人はどれだけいるだろうか。ほぼ皆無だろう。

じつは農水省が発表した「農林水産物・食品の輸出額」には、こうした加工食品が「農産品」として含まれている。しかも、これらの原料はほとんどが輸入品。輸出が増えたところで、日本の農林水産業への影響は少ないにもかかわらず、である。

輸出額の実に4割を占めるのが、アルコール飲料や先に挙げた品目を含む加工食品。農水省は、この輸出額を発表することで、国内の農産物輸出が急速に伸びているような誤った印象を国民に与えてきた。

1兆円の年間輸出額そのものが虚構であり、農林水産業の振興には結びつかず、目標設定に意味はない。それなのに、2025年までに2兆円、2030年までに5兆円にする今後の目標まで決められている。

食品市場は国内で縮小、アジアで急成長

人口減少を要因として国内の食品市場がしぼみ続ける日本にとって、農業成長の活路を輸出に求めるという方向は間違っていない。

農政に資する調査や研究を行う農林水産政策研究所が2019年3月に公表した「世界の飲食料市場規模の推計」によれば、国内における飲食料の市場規模は人口減と高齢化の進展で「減少する見込み」だ。国内の食料支出の総額は2010年を100とすると2030年には97になると予測している。

一方、世界を見渡すと、人口の増加と食生活の変化により食料の需要は「増加する見込み」である。海外における飲食料の市場規模は2015年に890兆円だったのが2030年には1360兆円と、1・5倍になると予測されている。地域別にみると、著しい成長が見込まれるのは1人当たりGDPの伸びが大きいアジアで、同期間中に420兆円から800兆円と1・9倍に拡大する。そんな海外市場に食い込むことができれば、国内農業を大きく成長させることも夢ではない。

輸出は、食料安全保障の観点からも重要だ。輸出により販路を確保できれば、非常時に国民を食べさせるだけの農地を維持しやすくなる。

だから輸出の意義は否定しない。しかし、農水省による輸出拡大策はあまりに現実と乖離していて、軌道修正が必要である。さらには、輸出の対象として農畜産物以上に、種苗や栽培技術といった知的財産こそ重要になるのではないか。そのことも、後ほど探ってみたい。

安倍政権の所得倍増計画の置き土産

「農林水産物・食品の輸出額を1兆円に」

この目標は、第2次安倍晋三政権が2013年に「所得倍増計画」の三つの方策の一つとして打ち出した。安倍政権がデフレ経済からの脱却を目指して打ち出した経済政策「アベノミクス」の3本の矢の一つ、「成長戦略」に含まれる。

所得倍増計画は、農業生産額を当時の9兆円台から12兆円に回復させ、農業所得を10年間で倍増させることを掲げた。輸出以外の二つの方策は、「六次産業化の市場規模を10年間で10兆円に」と、「担い手への農地集積により、10年間で担い手の農地利用を8

割に」だった。なお、二つとも達成されていないし、その見込みもない。

政府は、所得倍増計画の段階で2020年までに農林水産物・食品の輸出額を1兆円としていたのを、2016年に1年早めて2019年までにすると方針転換する。が、実際には2019年の達成はならず、2020年はコロナ禍で特に上半期の成績が悪かった。すでに述べたとおり、2021年8月になって達成の見込みが立ったのだった。

2022年2月に1兆円を達成したと発表した資料で、農水省は「日本政府が政府一体で進めてきた輸出拡大の取組も輸出を後押し」したと、自画自賛している。政府一体とは、省庁を横断して一体となって大きな課題に対処することを言う。


輸出増が農家の所得増になるとは限らない理由

だが、輸出額1兆円を達成しても、農家の所得増に結びつかない。これは、当初から農業関係者の間で言われてきたことだ。

最大の理由は、金額ベースで4割と最大の比率を占める加工食品の輸出が、国内農業の振興に直結しないからだ。原料の多くを海外からの輸入に頼っているので、その輸出額が増えたところで、国内の農家はほとんど潤わない。

加工食品のなかには国産原料ももちろんある。このため1兆円の達成見込みの発表直後に取材した際、農水省輸出企画課は、「日本酒の原料は日本のコメなので、日本酒が売れるイコール、コメが消費されているということになる」と強調していた。日本酒についてはその通りだが、たとえば味噌や醤油などさまざまな加工食品の原料となるダイズは、ほとんどを輸入に頼っている。菓子の原料となるコムギも同様である。

あられやおかきといった米菓ですら、国産米より価格の安い輸入米を使う業者が多い。農水省は、自民党の要求に応えて生産調整（減反）によってコメの供給量を減らし、国産米の価格をつり上げてきた。自民党にとって、米価が高い方が選挙で農家票を得やすいからだ。その結果、皮肉なことに、より安価な海外産へと原料の切り替えを促してしまった。

加工食品の原料となる野菜や果物も、海外産の比率が高い。加工・業務用に使われる野菜のうち輸入は3割を占める。果物の加工品に至っては、9割が海外産だ。海外産が安い場合もあるが、国産と大差なくても、規格が統一されていて使いやすいと好まれる傾向にある。つまるところ、輸出額のどの程度が国内で生産された農林水産物に由来するかは「把握できていない」（輸出企画課）のである。

加工食品以外にも、国内農業と結びつかない輸出品が含まれている。たとえば、輸出額の品目別一覧表にある「穀物等」という項目だ。「米（援助米除く）」が59億円なのに対し、米も含めた穀物等はその10倍近い560億円。輸出できるほど生産の盛んな穀物はコメくらいしかなく、それ以外に穀物を500億円以上輸出しているとは考えがたい。種明かしすると、穀物等はパックご飯のほかに小麦粉や即席麵をはじめとする麵類などを含んでいる。小麦粉や麵類の原料は輸入コムギが主で、国内農業とは関係しない。

試みに、確実に国産農産物と結びつく輸出品の合計額を計算してみる。国産農産物に、国産米を使っているはずの日本酒を足すと、2021年の段階で2000億円強にしかならず、1兆円には遠く及ばない。

2020年の農業総産出額は8兆9370億円なので、2000億円という金額はその約2％に過ぎない。こんなわずかな比率では、農業所得の倍増につながるわけがない。そもそもの目標設定がずれているのである。

農水省が頭に「農林水産物」を冠して発表するために、あらぬ誤解を生んでいる。いや、むしろ誤解が生じることを狙って目標を設定し、発表していると言ってもいい。「農林水産物・食品の輸出額」は、農林水産業の振興の度合いと直結した指標だと一般に誤解されているのではないか。輸出企画課にこう尋ねたところ、「受け取る人の捉え方だと思う」との回答だった。

2　ズレすぎ！　上海の高級料理店でパックご飯をアピール

農水省が約10年ぶりの新局を創設する茶番劇

「輸出額1兆円」がそもそも目標設定としてズレているにもかかわらず、それを達成するための気運醸成と組織や法制度の整備が進んできた。政府は2019年に「農林水産物及び食品の輸出の促進に関する法律（以下、輸出促進法）」を成立させ、2020年に施行した。その目的は、農林水産物・食品の輸出を促進し、農林水産業と食品産業の持続的な発展に寄与することだ。

1兆円の達成が目前となった2020年、政府は新たなゴールを設定した。農林水産物・食品の輸出額を2025年までに2兆円、2030年までに5兆円にするというのだ。

加えて、２０２１年には農水省内におよそ10年ぶりとなる新局「輸出・国際局」を設けた。旧・食料産業局の輸出に関する部署と、国際交渉などを担う旧・大臣官房国際部を統合した。省内を横断して輸出拡大のための強力な指揮や指導をするという。

２０２２年5月には輸出促進法を改正した。改正の柱は、輸出品目ごとに生産から販売に至る関係者が連携して、輸出を図る法人を「認定農林水産物・食品輸出促進団体」とし、支援することだ。当時の金子原二郎農相は閣議決定後の3月4日に開いた記者会見で、「２０２５年2兆円、２０３０年5兆円の達成に向けて、官民一体となった取り組みをさらに進めてまいります」と、高らかに宣言している。

輸出拡大に多額の予算で募る不安

当然ながら、農水省は輸出拡大に向けて多額の予算を要求している。「２０３０年輸出5兆円目標の実現に向けた『農林水産物・食品の輸出拡大実行戦略』の実施」として、２０２１年度は99億円の予算が付いたところを２０２２年度の概算要求では倍の１８８億円を求めた。最終的な概算決定額は１０８億円だ。

この１０８億円に含まれない事業もある。水田で転作をする生産者に支払う「水田活用の直接支払交付金」もそうで、輸出用米を「新規需要米」として作付けする農家も交付の対象になる。輸出と関連するあらゆる予算を集計すると、農水省全体でどの程度になるかは、輸出企画課も把握していない。

これだけの予算を求めるからには、それなりの成果が必要になる。だからこそ農水省は今後も過大な輸出額を提示し、より多くの予算を求め続けるはずだ。

要求額が最も多いのは、海外での展示商談会やプロモーションの支援など。「戦略的輸出拡大サポート事業」というもので、商談会や海外見本市の開催、プロモーション、海外富裕層を狙った新規市場開拓やその支援などに13億円の予算がついている。

展示商談会や海外見本市は、確かに大切ではあるが、参加する産地の自己満足に終わることも多い。

ある自治体は、民間企業や農家も交えて輸出を進めるための協議会を作り、国の予算を使って海外の商談会や見本市に参加してきた。ただし、本気で輸出に取り組もうとしていたのは1社のみ。本来なら1社が自腹で参加すればいい話だが、自治体として参加する方が予算がつくからと協議会を作ったのだ。

とはいえ、海外で1社の商品だけを売り込むわけにはいかない。苦肉の策で販促活動の対象にしたのが、地元のコメとミネラルウォーターのセット。海外には水道水が硬水の地域が多く、それではご飯をおいしく炊けないから、地元の軟水と一緒に買ってもらおうというのだ。予算獲得のための言い訳として考え出されたこのセットは、かなりの重量があり、一方で需要があるか疑わしいにもかかわらず、たびたび海外に持ち出されていた。

中国での宣伝に的外れな人物の起用も

筆者（山口）は２０１０年から２０１３年の３年間を中国・北京で暮らし、その後は現地のスタートアップに仕事でかかわった経験もあるので、中国での日本製品や産品の販促について見聞きしている。農水省が輸出拡大の重点品目にしているコメの広報活動には、思わず首をかしげてしまった。

パックご飯の販促に起用されたのは、日本風の弁当を作ってSNSにアップしている女性。この女性が訴求できる対象は、同じ趣味を持つ人に限られる。フォロワーの数はそこまで多くないようで、アップする記事の閲覧数は１０００程度にとどまる。人口が日本の10倍以上である中国において、この数字は明らかに少ない。果たして輸出促進にどの程度寄与するのだろうか。

そもそもパックご飯の輸出に力を入れるのは、需要があるからではない。それ以上に有望な精米が輸出しにくいからである。というのも中国政府によるコメの検疫が厳しいからだ。同国に精米を輸出するには、中国が指定する精米所と燻蒸倉庫で、コメを搗精《とうせい》した後、害虫を駆除する目的で殺虫成分を含むガスを庫内に充満させる処理を施さなければならない。輸出に対応できる精米所は日本国内に3カ所、燻蒸倉庫は5カ所しかなく、しかも精米所と燻蒸倉庫は近接していない。産地からコメを精米所に運び、さらに遠方の燻蒸倉庫に運ぶことになるので、輸送の費用がかさむ。その点、パックご飯ならこの制限を受けない。

こうした事情から、苦肉の策として少々無理のある販促活動がなされてきた。ほかにも、農水省は2017年に上海の高級料理店で、パックご飯を使ったメニューを提供するキャンペーンを打った。中間層や富裕層にその手軽さや味の良さをアピールするのが目的だという。高級料理店を訪れてパックご飯を食べたい客がどのくらいいるのか、はなはだ疑問だ。輸出する側の事情を中国人に押し付けていると感じる。

こうした販促の結果、パックご飯の中国向け輸出額はいくらになったのか。答えは、

２０２０年の実績で４５００万円強と、微々たる額だ。

輸出額の4分の1に当たる予算を投じるバラマキぶり

その費用対効果を検証したいところだが、パックご飯のプロモーションに投じられた予算額は公表されていない。その代わり、パックご飯も含むコメやその加工品のプロモーションに使う予算額が公開されている。その輸出実績が公開されている２０１７年から、予算額と輸出額（コメ、パックご飯、米粉、米粉製品）を並べてみる。予算額は年度、輸出額は年でぴったりとは対応しないが、ご容赦いただきたい。

２０１７年度	予算額７億５０００万円	２０１７年	輸出額35億円
２０１８年度	７億５０００万円	２０１８年	42億円
２０１９年度	５億円	２０１９年	52億円
２０２０年度	３億５０００万円	２０２０年	60億円
２０２１年度	２億５０００万円	２０２１年	66億円

この予算額に含まれない輸出用米に支払われる「水田活用の直接支払交付金」の額はどのくらいになるのか。支払い実績が公表されている2020年度を例にとると、該当する「新市場開拓用米」の支払い面積は5901ヘクタール。10アール当たり2万円つまり1ヘクタール当たり20万円が支払われるので、掛け算すると11億8000万円になる。これに前掲の予算額を足すと、15億3000万円で、輸出実績額の4分の1に等しい。

輸出で得られる利益がそんなに高いわけがなく、どう考えても予算額が利益を上回っている。政府はコメとその加工品の輸出目標額を2025年に125億円と設定しているて、現状は、ようやくその半分に達したところ。コメは採算を度外視した輸出促進の一例に過ぎない。

農水省の情報収集能力につく疑問符

農水省は、2022年度の輸出関連予算を説明する資料で、「海外富裕層をターゲットにした新たなマーケット開拓の取組を支援」すると強調している。中国に関して言うと、富裕層への売り込みは難度が高い。金持ちになるほど、SNSなどの社交の場が、同じ階層の人間しかいないような閉鎖的な空間になる。そこに的確に食い込むには、人脈も専門性も必要だ。

そういう人間を見つける眼力が担当者にあるのだろうか。少なくとも中国に関しては、農水省の情報収集能力は低いと思われる。第五章で紹介するように、農水省は中国でコメの大口取引が行われる重要な市場について、ろくに調べていない。輸出品の売り込みを任せる人間も、農水省や事業の委託先が自ら選ぶというより、向こうからすり寄ってきた人間を選んでいるのではないかとすら感じる。資料の行間から、予算を無駄遣いする未来が透けて見えてしまう。

農水省は、農産物の国際競争力を高めるよりも、補助金をはじめとする財政出動ばかり優先しているきらいがある。その理由は、輸出拡大が「保護農政」の範疇にあるからだ。保護農政とは、補助金や高い関税、あるいは農産物の価格を意図的に高止まりさせる価格支持により農業を保護する政治を言う。収益性の低い農業を守るために始まりながら、現実には農業の生産性を低いままに保つという負の効果を発揮してきた。

むしろ農業の足を引っ張るという悪影響は、輸出にもみられる。予算をばらまいた結果、輸出額は増えている。しかし、輸出額の急伸に比例して国産農産物の競争力が高まっているわけではない。補助金をあてにした生産や商品開発を続ければ、生み出される商品や産品は需要とかけ離れていく一方になる。

輸出2兆円、さらには5兆円という目標は、華々しく聞こえるものの、達成したところで政府や自民党の自己満足にしかならない。地に足のついていない目標を掲げ、その達成に血道を上げる余裕が、内需の縮小という危機に直面する日本の農林水産業に果たしてあるのだろうか。

3　輸出すべきは農産物より知的財産

有力なのは、日本独自の種苗とその栽培システム

むしろ、日本の農業にとって力を入れて輸出すべきは農林水産物・食品とは別にあるのではないか。それこそ第一章で取り上げた知的財産だ。本節では、知的財産のなかでも有力とみられる日本独自の種苗とその栽培システムに光を当てたい。これをパックにして、海外で現地生産する。あるいはそのパックを売り込み、特許に関する許諾料を稼

ぐ。その可能性を探るうえで、イチゴとブドウを順番に取り上げていこう。

選果と調製が手間で、供給が追いつかないイチゴ

イチゴとブドウといえば、数ある生鮮品のなかで輸出品目として有望視されている。農水省は、イチゴについては2019年に21億円だった輸出額を2025年には86億円、2030年には253億円に増やそうとしている。ブドウについては、2019年に32億円だったのを2025年に125億円、2030年に380億円にするという。ただ、このうち最初に取り上げるイチゴについては、生産から物流の現場を取材する限り、輸出が目標どおりに伸びるかは疑問である。

理由はいくつかある。一つは、国内の産地が農家の高齢化と減少で疲弊していることだ。イチゴは供給が需要に追いついていない。それは、収穫の時期に多大な手間がかかるためで、高齢化とともに農家は肉体的な負担の大きさから作ることができなくなっているのだ。

農家にとって多大な手間として挙げられるのが、収穫と同時にこなさなければならない選果や調製などの作業である。選果とは、規格に応じてイチゴの果実を一粒ずつ分け

ること。調製とは、分けた果実をパックに詰めること。このほかの作業については後ほど言及する。

これらの作業がいかに大変であるかを理解するのに、最適な資料がある。三重大学大学院生物資源学研究科の徳田博美教授（当時）が独立行政法人・農畜産業振興機構が発行する「月報野菜情報」の2017年5月号に寄稿した「導入進むいちごパッケージセンターの成果と課題～唐津農業協同組合（筆者注＝JAからつ）の取り組み～」だ。

この報告書によると、ハウスでのイチゴの栽培にかかる労働時間（農業経営統計を基に算出）の全国平均は、2012～14年では4667時間だった。農業経営に従事する平均的な人数は2・49人だったので、1人当たり1874時間になる。強調したいのは、これは1年ではなく半年の労働時間であることだ。休みなく働いたとして、1日当たりの労働時間は10時間を超える。

同じくこの報告書で労働時間の内訳をみると、最も多く占めるのは1029時間の「収穫・調製」で29・1％。「包装・荷造・搬出・出荷」が842時間の23・8％。先ほど触れたように、いずれも収穫と同時にこなすべき作業だ。こうした作業で全体の半数以上を占めている。

イチゴづくりがいかに労働集約的であるか理解してもらえただろう。とくに収穫の最盛期には、「2時間しか寝られないことなんてざら」（JAからつ）という過酷さだ。収穫期間ともなると、イチゴは毎日実をつけるので、当然ながら休みがない。このため、「イチゴ農家には嫁にやれない」というのは産地でときどき聞く話である。

パッキングセンターの悩みも人手不足と高齢化

農家が抱えるこうした負担を減らす役割を持たせた施設として、主にJAが運営している「パッキングセンター」が各地に存在する。これは、農家が個々にしている選果と調製を代行して、一時保管から出荷までを請け負う施設だ。施設を利用する農家は収穫に専念できるため、高齢になっても生産を続けられるほか、余裕があれば経営面積の拡大を図れる。

ただ、全国的に見れば、パッキングセンターを整備していない産地は多い。加えて、パッキングセンターの運営にも不安が残る。人口減少で働ける人が不足しているほか、既存の従業員も高齢化しているため、将来にわたって継続して運営できるかどうかが怪しいのだ。

さらなる懸案は、物流業界を襲う「2024年問題」だ。労働基準法の改正により、同年4月1日以降、ドライバーは時間外労働時間の上限が年間960時間、月平均80時間に規制される。物流業者は、違反すれば、「6カ月以下の懲役」または「30万円以下の罰金」が科せられる。

モノが運びにくくなるだけではなく、昨今の原油価格の高騰で物流費は上がっている。こうしたなかで、日本で生産した農産物を輸出することはだんだんと難しくなる。

このように不安材料が多いなかで、輸出を堅調に伸ばしていけるだろうか。それよりは、むしろ日本で育成された品種を、海外の消費地の近くで生産したほうがいいのではないか。こう思うきっかけとなった、米国でイチゴを生産するスタートアップの日本人経営者の話を紹介したい。

日本は植物工場の市場性が低い

イチゴの生産で「世界最大」という完全閉鎖型の植物工場が米国ニュージャージー州で稼働し、2022年6月から米国の高級スーパー「Whole Foods Market（ホールフーズ・マーケット、以下ホールフーズ）」のニューヨーク・ノマド店で販売が始まった。運営するのは、日本人が創業した企業 Oishii Farm（オイシイファーム）。なぜいま、日本ではなく米国で、イチゴを作る大規模な植物工場の経営に乗り出したのだろうか。

本題に入る前に、植物工場について少し触れておこう。これは、一定の閉鎖空間のなかで光や温度、湿度など作物の生育に必要な環境を特殊な機器を使って制御するシステムを備えた施設を指す。いわゆる「農業用ハウス」である。

ただし、ここで取り上げる「完全閉鎖型」と呼ばれる植物工場は、一般のハウスと違い、室内の環境が外界から完全に隔離された状態を保てる施設のこと。作物が育つのに必要な光は人工光を利用し、室内の温度や湿度なども外気に影響されず自動で調整できる。加えて病気や害虫が侵入しにくい。

そんな植物工場を米国ニュージャージー州で運営する会社の経営者が、古賀大貴さんである。古賀さんは、大学を卒業後、コンサルティング会社に就職して農業分野を担当した。在職中に米国に留学した際、実感したのが植物工場の時代が到来することだった。

「気象の変動が激しいなか、既存の農業のやり方では生産がますます安定しなくなる。しかも水不足という課題や農薬が忌避されるという傾向もあり、植物工場を手掛けるならいましかない」

そう思った古賀さんは、退職して、植物工場の運営を手掛けるOishii Farmを2016年に米国で創業する。日本を拠点にしなかった理由は「市場性の低さ」だ。

「植物工場にとって日本という市場は非常に難しい。世界的に見て、日本ではすでに優れた農産物が鮮度を保ったまま安価に売られているので、植物工場で農産物を作ってもコスト的に見合わない。これまで日本で植物工場を始めた企業が撤退した最大の理由がそこにあります」

イチゴを制する者が植物工場を制する

生産するのは、日本生まれの甘くて果皮が柔らかい品種のイチゴと最初から決めていた。その理由は、ブランドづくりに最適と考えたからだ。

「おいしくて、味に差が出て、食べた人が驚いてくれるものでないと、最後は価格勝負になる。真っ先に頭に浮かんだのがイチゴでした」

古賀さんによると、米国におけるイチゴの産地といえば、気象条件が整っているカリフォルニア州くらい。同州のイチゴの生産量は全米の9割以上を占めている。つまり全米各地で食べられているイチゴのほとんどは、同州から時間をかけて運ばれてくるものだ。たとえばニューヨークで販売しているイチゴは、「カリフォルニアで収穫してから5、6日経った鮮度が落ちたもの」（古賀さん）だという。

一方、植物工場を消費地の近くに造れば、年中安定して鮮度のいい状態のイチゴを届けられる。それがほかにはないブランドとなる。

Oishii Farmがイチゴで名が通るようになれば、その後にトマトやメロンを作っても支持されると見込んだ。古賀さんは「当初からうちの基本的な戦略は『イチゴを制する者が植物工場を制する』でした」と語る。

とはいえ、植物工場でイチゴを安定して生産する技術はない。古賀さんが創業してまず取り掛かったのは、育成者権が切れた日本生まれのイチゴの栽培試験と、安定生産のための環境制御技術の開発だ。完全閉鎖型の植物工場のプロトタイプ（試作棟）を造り、品種に応じた栽培方法の検証を重ねた。

そのなかから一つの品種を有望と見込み、ニューヨーク郊外に建てた小さな植物工場などで栽培を開始。2018年から「Omakase Berry（オマカセベリー）」という商品名で、ミシュランの星付きレストランなどに1パック（8〜11個）当たり50ドルで卸した。高級路線を行くことにしたのは、高級車を電気自動車にしたテスラの成功を参考にしている。

人気を得てブランドを確立したことで、今回、ニュージャージー州で70アールの植物工場で量産化して、ホールフーズに販売するに至った。売価は1パック当たり20ドルに抑えた。

ニュージャージー州の植物工場は、元はバドワイザーのビール工場。それを居抜き、建屋の中に栽培棟や実験棟を構築している。新規建設ではなく居抜きを選んだ理由について、古賀さんは「建設コストが安く済むため」と説明する。

栽培棟では、自社で開発したモニタリングをするロボットが稼働して、作物の状態に合わせた環境制御や収穫の予測につなげている。「数日後にどれくらいの収量になるか、ピタリと当てられるようになっています」と古賀さん。

苗を一度植えれば、1年以上収穫ができるそうだ。通常のハウスで栽培すれば、せいぜい半年程度しかもたない。

Oishii Farm は社内に研究開発チームを有し、50人のエンジニアを雇用している。イチゴの植物工場としては「世界最大」という実験棟も備えた。現状では人がこなしている収穫や選果についても、代行するロボットの開発に取り掛かっている。

日本で開発され、育成者権がすでに切れた種苗を使って、独自の品種を育成すること
にも乗り出した。ロボットの詳細や植物工場で導入した栽培装置の構造などについては、特許の関係もあって「企業秘密」（古賀さん）。

当面の計画は、ニューヨークのような大都市の近くにイチゴの植物工場を建てていくこと。進出先は米国に限らず、「新鮮なイチゴが手に入らない、なおかつ高所得者層がいる国や地域」を目指すという。同時に、メロンとトマトを植物工場で量産化する仕組みも検証している。

「需要はいくらでもある」と古賀さん。Oishii Farm の農産物が世界でどれだけ広がっていくか。今後が楽しみである。

冒頭で述べたように、日本政府はイチゴをはじめ農林水産物の輸出を増やそうとしている。だが、少なくともハウスで栽培する品目に限れば、将来的な勝ち目は少ないのではないだろうか。そもそも日本の施設園芸は技術的に成熟していないことから、反収が高いとはいえない。たとえばトマトの反収について、施設園芸で世界の先端をいくオランダと比べると、日本は5分の1程度に過ぎない。

おまけに輸出となれば、輸送費がかかり、鮮度も落ちる。海外の植物工場で生産した生鮮品と競争になったら、価格と品質の面で勝てるとは思えない。

だからこそ日本が輸出すべきは知的財産なのだ。イチゴの例を取り上げるまでもなく、日本には独自に発展した品種が数多くある。そうした品種とともに、その栽培システムを売り込むことを国家的に検討すべきであると考える。続いてブドウの事例を紹介する。

日本生まれのブドウ品種をニュージーランドで産地化

「マスカットジパング」——。

岡山市で育種を手掛ける林慎悟さんが10年がかりで生み出したマスカットの品種だ。その特徴は、まず見た目にある。大きいものだと、一粒の大きさがピンポン玉ほどになり、一房の重量は1キログラム以上に及ぶ。種がなくて皮ごと食べられる手軽さと、甘みの強さも無視できない。百貨店や高価格帯の青果店などでは、贈答用として高値が付く。

併せて興味を引くのは品種名だ。「ジパング」といえば、中世から近世のヨーロッパで東方の島国として知られ、マルコ・ポーロの『東方見聞録』では「黄金の国」として

マスカットジパング

紹介されている。林さんは、日本説が濃厚な「ジパング」を品種名に入れることで、「世界に向かって羽ばたいていく、日本を代表するブドウの品種になってほしい」という思いを込めた。

林さんがその育種と栽培をしているのは、ガラス張りの三角屋根を木の柱が支える古めかしいガラス温室だ。厚みのあるガラスを使っている分、一般的なビニールハウスよりも差し込む光がやわらかく感じられる。この温室は、雨に弱いマスカットを高温多湿の日本で栽培するため、まさに林さんが営農する地域で明治時代に開発された。先人たちが試行錯誤して作り出した温室で育てた新品種を、林さんは世界に問おうとしている（上の写真）。

夢の実現に向けて、「マスカットジパング」の苗を送り込む先はニュージーランド。農業法人の株式会社GREENCOLLAR（グリーンカラー、東京都中央区）とともに、早ければ2024年から、同社の現地農場で商業目的で栽培を始める。

「品種に勝る技術なし」

かつてジパングを光り輝かせた金に対し、いまの日本農業を光り輝かせるのは種苗にほかならない。それだけに林さんは、「品種に勝る技術なし」という言葉を胸に育種を続け、およそ1万回の交配からようやくこの品種を作り出した。

「マスカットジパング」は、日本の農家にとっては栽培するのが少し厄介だ。雨や湿気に弱く、実が割れる裂果が起きやすいからだ。ただ、降雨の少ない条件なら、その障害を気にしなくて済む。そういう意味で、グリーンカラーが農場を持っているニュージーランド北島東岸のホークス・ベイはうってつけだ。年間を通して温暖で日照時間が長く、乾燥しているブドウの一大産地だからである。

ICT駆使し高い栽培技術を維持

グリーンカラーは、2020年にニュージーランドで10ヘクタール弱の農場を取得済みで、将来は100ヘクタールにまで広げるつもりでいる。海外で高く評価される日本の生食用ブドウを日本だけでなく、季節が真逆の南半球のニュージーランドでも作ることで、その旬を年2回に増やす。

ニュージーランドの農場には、日本生まれの赤いブドウで「シャインマスカット」を親に持ち、大粒で糖度の高い「バイオレットキング」の苗木をすでに植えている。2024年から、収穫したブドウを「極旬《ごくしゅん》」という独自ブランドで主に日本やニュージーランドのほか、中国やシンガポールなどで販売する見込みだ。

高品質のブドウを安定的に栽培するため、ICT（情報通信技術）を駆使する。気象や生育状況、作業内容などのデータを蓄積し、病害虫の発生や品質を予測したり、ブドウの粒を間引く摘粒《てきりゅう》や収穫といった作業をする適期を自動で判断したりする技術を作り上げようとしている。近い将来の作業予定を立てやすくし、効率的な人員配分をしつつ、収穫物の質を高めることを狙う。

加えて、高い技術の継承を可能にする教育支援ツールを作っているところだ。具体的には、ブドウの栽培技術を体系的に画像や映像、テキストにし、熟練農家の技やこれまで言語化されにくかった暗黙知を新人でも容易に学べるようにしている。特に習得の難しい摘粒は、どの粒を間引けば理想的な形に仕上がるか疑似体験できるアプリを作った。

現地で育種をビジネスに

高品質な日本生まれの生食用ブドウを海外でも生産し、市場を広げる。さらには、農家が南半球と北半球で年2回栽培の経験を積めるようにし、農閑期に仕事がない状態を解消する。そんな狙いで現地農場を作った同社は、2020年に林さんと出会い、事業に新たな方向性を付け加えることになった。それが、品種の育成者権に対価を支払うことで成り立つ「ロイヤリティビジネス」である。

同社は、品種登録されておらず、育成者権の及ばない「巨峰」や育成者から許諾を得た「バイオレットキング」を栽培していた。そこに林さんたちが加わったことで、育成者権が及ぶ「マスカットジパング」を栽培し、さらには育種を手掛けるところまで構想を膨らませた。

「現地に単純に品種を持っていくだけだと、うまく栽培できるか分からない。加えて、消費者の嗜好が多様化するなか、今ある品種もいつまで流行が続くか分からない。そこ

苗の生育を確認する林慎悟さん

で、栽培だけでなく育種を一緒に手掛けてはどうかと提案したんですね」（林さん）

悲願は育種のビジネス化

林さんは２０００年に岡山市の実家で就農すると同時に、育種を始めた。取材で訪れた際、ガラス温室に並べたポットの培地で、播種して間もない苗を育てているところだった。林さんが「ブドウの新たな可能性を引き出すような育種に挑戦しているんです」と説明する（上の写真）。

第一章で述べたように、果樹の種苗は簡単に増殖できてしまうため、日本では育種がビジネスとして成り立ちにくかった。林さんは育種を始めた当初、「育種は儲からないからやめた方がいい」と周囲からさんざん反対された。それでも、優れた品種を生むことで果樹生産に貢献したいと反対をはねのけ、ブドウを栽培する傍らでコツコツと交配を重ねてきたのだ。

「マスカットジパング」の育成者として苗の販売をしているものの、育種は商業的に成り立っていない。品種の開発や苗の育成にかかった費用と、育種をせずにブドウの栽培のみをすれば得られたはずの利益を機会損失として合わせると、およそ2000万円になる。そのうち、回収できたのは500万円に満たない。

ヨーロッパやオセアニアの一部では、収穫物の販売額に対して一定の割合の許諾料を育成者に支払うロイヤリティビジネスが浸透している。林さんも岡山県内で販売額のいくばくかを農家から集める仕組みを作れないか検討したものの、理解を得られずあきらめた。販売額からの徴収が難しければ、苗代を上げるという選択肢もある。しかし、うまく作りこなせるか分からない苗に高い代金を払ってもらうのは難しく、これもあきらめた。

「品種から得られる利益を育種家に還元する仕組みがないと、育種自体が衰退する」

こう危機感を強めつつも、林さんは国内で育種にかかった経費を回収することができなかった。それだけに、ロイヤリティビジネスが一般的なニュージーランドに育成した品種を送り出し、現地で育種も手掛けることを心待ちにしている。具体的には、販売額の数％程度のロイヤリティを受け取ることで、育種を無理なく続けられるようにする。林さんは、夢に見たロイヤリティビジネスの第一歩を、ニュージーランドで踏み出そうとしているのだ。

現地での栽培と育種が順調にいけば、林さんに続く育種家が現れるかもしれない。果樹の分野でも、価値の源泉である種苗を商業的に開発し続けるということが、日本生まれの品種と育種家の海外進出によって可能になることに期待したい。

ここまで、知的財産の輸出が有望だということを見てきた。農水省も知的財産の重要性には注目していて、２０２１年に「知的財産戦略２０２５」を策定している。このなかで、使用許諾によって収入を確保するライセンスビジネスの支援を打ち出したことは評価できる。ただし、戦略で重きを置くのはあくまで農産物の輸出であり、物足りなさを感じる。

第三章　農家と農地はこれ以上いらない

1　農家が減れば農業は強くなる

1000ヘクタールへの拡大を予測する農業法人

第二章までで、成長戦略であるはずの輸出拡大が、実は保護農政の域を脱していないことを理解してもらえたと思う。その過保護ぶりが最も顕著に表れるのは、農家の高齢化と減少、耕作放棄地の増加においてである。これらの〝危機〟を農水省がことさらに騒ぎ立てるのは、食料を増産する必要があると世間に印象付ける方が予算や天下り先を確保しやすいからだ。第三章では農業の現状を押さえながら、農政が喧伝する危機が虚像に過ぎないことを明らかにしたい。

琵琶湖を背にして走らせる車の窓の向こうに、どこまでも水田が広がっている。このほとんどを一社で耕作する未来が来るのか。そう思うと、来た時にぼんやり眺めていた景色が際立って映った。琵琶湖の東岸からほど近い距離にある農業法人・株式会社イカリファーム（滋賀県近江八幡市）を訪ねた時のことだ。

コメ、ムギ、ダイズを生産している同社の経営面積は、260ヘクタール。北海道を除く都府県の農家の平均は2ヘクタール強なので、100倍を超えている計算になる。すでに突出しているその規模は今後、とんでもない数字になる見込みだ。

1000ヘクタール――。代表取締役の井狩篤士さんが予測している2040年の経営面積である。現時点において4桁という経営面積に達している水田農業経営体は調べた限りで国内には存在しない。

当初の予測では、2040年に経営面積が500ヘクタールに達するというものだった。それを覆したのは、周囲で始まった「大量離農」だ。高齢化や後継者の不足に、コロナ禍による外食需要の低迷で米価が急落していることを受けて、ここにきて農家が一斉にやめていっている。

「ここ近江八幡市には、耕地面積が3000ヘクタール弱くらいあるけど、その割に経営体の数が少ないんですよ。だから、うちだけで1000ヘクタールくらいはいくと思います」（井狩さん）

同社は、田植えや稲刈りといった農作業の一部を周囲の農家から委託されることが増えており、いずれは耕作を丸ごと任される件数も急増するとみている。事実、「全面的に引き受けるならどの程度の面積まで可能か」と、聞いてくる農家が目立つようになっている。

規模の拡大に向けて、急務となるのは人材の確保と育成だ。イカリファームは100ヘクタールにまで農地の拡大が進むことを念頭に、従業員を増やしてきた。その数は11人。同社は、従業員1人当たり年間30ヘクタールを管理できるようにするという指標を持っている。滋賀県によると、通常は1人15ヘクタールなので、その2倍である。

「高い能率で作業できる人材を早めに育てていかないと、間に合わない。後手後手になるほど、まずいことはないから」

従業員の教育には熱心で、一人一人がさまざまな農作業を効率的にこなせるようにし、稲作や経営の知識を持ち自分で考えて行動できるようにすることで、昨今みられるような急激な環境の変化に耐えられる組織づくりを進めている。

規模を拡大すれば、出荷量が増えて販売時の価格交渉を有利に進められる可能性が高い。農業関連の機械や施設、従業員といった経営資源を豊富に持てることで、「経営を良い方向に持っていけるんじゃないか」と期待している。

農林業センサスが示す「大量離農」

経営面積の急激な拡大に備えている農家や農業法人は、イカリファームだけではない。ここ数年、農家が高齢化して一斉に離農し、全国的に農地が大放出される時代に突入しているからだ。

その実態を如実に示しているのが、農業版の国勢調査とも言うべき「農林業センサス」である。農水省が5年に1度、一定規模以上の全ての農家を対象に実施している。直近の2020年版で、農家数は107万6000であるが、これは5年前の前回調査から30万2000減で、過去最大の減少となった。減少率もマイナス21・9%と、やはり過去最大である。なお、農林業センサスが調査対象としているのは、経営耕地面積が30アール以上、または農産物の販売金額が50万円以上の「販売農家」などである。

農家が著しく減る一方で、全国の経営耕地面積の総計は5年前に比べて5・6%の減少にとどまる。これは、農家の減少率の4分の1に過ぎない。すなわち、離農で放出された農地の多くは、ほかの農家によって吸収されていることが分かる。

先ほど述べたとおり、かつてない大量離農が起きている要因は、農家の高齢化である。その平均年齢は2020年に67・8歳で、5年前より0・7歳上がった。過去の農林業

農家の年代別の人口

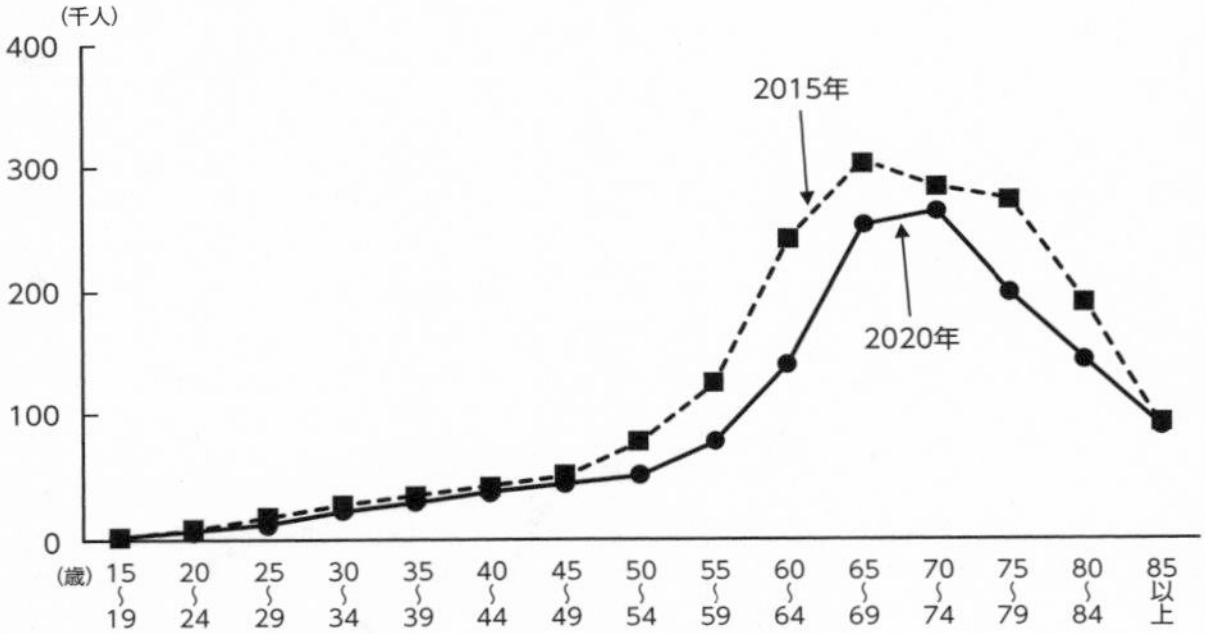

出典：2020年農林業センサス

センサスから読み取れるのは、70歳を超えると農家は一斉にリタイアするということだ。最新の調査でも、年代別の人口を示す折れ線グラフは70歳を機にがくりと落ち込んでいる（上の表）。

大量離農は当面続く。なぜなら、販売農家のうち65歳以上の占める割合が69・6％に達し、２０１５年より４・７ポイント増えているからだ。生産現場には数年内に引退する農家がひしめき合っているのである。加えて、コロナ禍による外食需要の低迷で、米価が下がっている。ウクライナ危機に伴う原油高や、化学肥料の原料の高騰を受け、農業資材は値上がりする一方だ。

大量離農は、日本農業の危機として騒がれがちである。だが、果たしてそうだろうか。小規模で経営効率の悪い零細な農家がやめる分だけ、大規模農家に農地が集約されていく。これから述べるように、農家の大半は農業以外の兼業からの収入や年金に頼り、採算を度外視した非効率な農業をしがちだ。こうした農家が退出することは、日本農業を一変させる好機とも捉えられる。

1割の農家だけで全体の約8割を稼ぐ

「農家が減っている」と大くくりに言われるけれども、減っているのは零細な農家だ。2020年版の農林業センサスには、経営面積の狭い農家が減り、広い農家が残るという傾向が表れている。北海道を除いた都府県で、経営面積が10ヘクタール未満の層で農家数が減少した(次頁の表)。2015年の調査では、減少したのは経営面積が5ヘクタール未満の層だったので、増減の分岐となる面積はより広くなる趨勢にある。

小規模や中規模の農家が減り、その放出した農地はより規模の大きい農家に吸収される。こうして大規模農家への集約が進んでいるのだ。

農家が減っても問題ないと主張するのには理由がある。日本の食と農を支えているのが、農家のなかでも一部の優れた経営者たちだからだ。2020年版の農林業センサス

面積別の農家の増減率

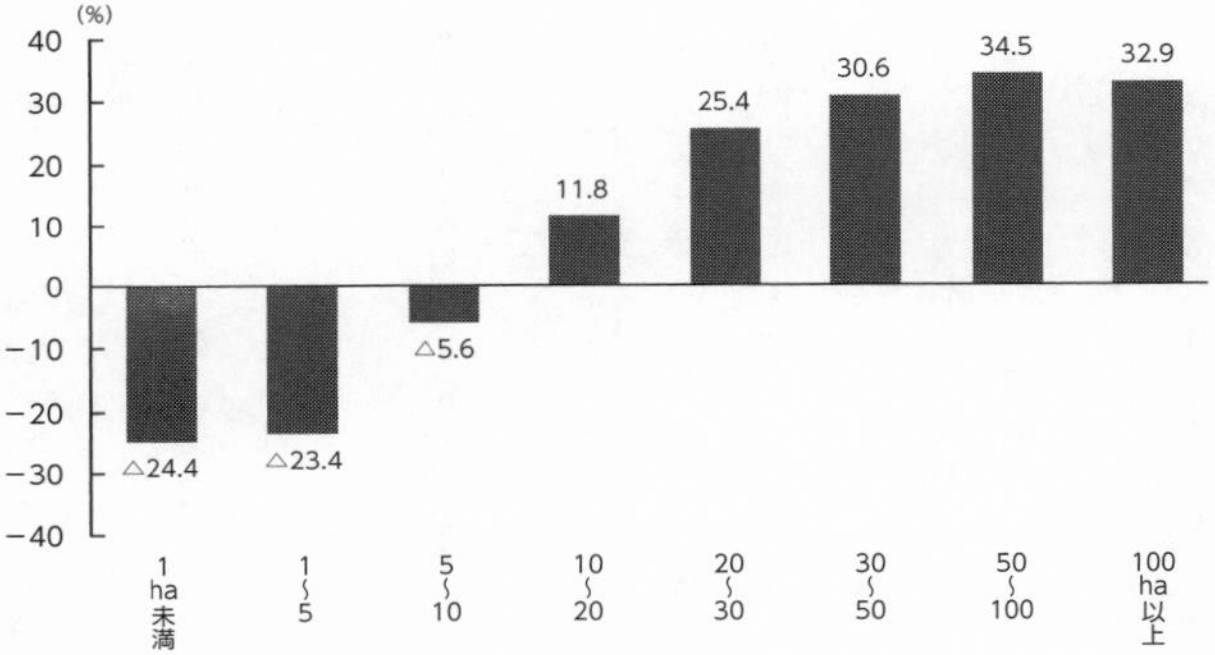

出典：2020年農林業センサス

によると、販売農家のうち、売り上げが100万円以上なのは全体の1割強に過ぎない。試算してみると、この1割強だけで農産物の全販売金額の約8割を生み出している。

一方、販売金額が100万円以下の農家は5割強もいるのに、全販売金額に占める割合は5%を下回る。つまり、日本の食と農は零細な農家が離農したところで揺るがないわけだ。

農水省が離農を目指した過去

しかし、農水省は農家の減少が由々しき事態であるかのように言い続けてきた。農政の基本方針をおおむね5年に1度示す「食料・農業・農村基本計画」の2020年版もそうだ。その「まえがき」で、次のように農家と農地の減少を問題視している。

「我が国の農業・農村は、農業者や農村人口の著しい高齢化・減少、これに伴う農地面積の減少という事態に直面しており、今後も、農業者の大幅な減少が見込まれる中で、農業の生産基盤が損なわれ……」

そうは言うものの、1経営体当たりの生産性が上がれば、農家が減っても問題はない。実のところ、農水省は1961年に制定した農業基本法で、農業経営の規模の拡大と集約を掲げていた。同法は農政の基本指針を定め、「農業界の憲法」とも呼ばれた。その政策目標は、農業の「生産性の向上」と「生活水準の他産業との均衡」である。達成のために零細な農家の離農による農業構造の改善を目指していたのだ。

しかし、生産性の向上が果たされないまま、1999年に食料・農業・農村基本法が施行されたことに伴い、廃止されてしまう。加速する離農は、その生産性の向上を成し遂げる好機にほかならない。

新規就農者に1000万円という愚策

農家の減少が問題でないにもかかわらず、農水省は農家を増やす政策をとっている。

新規就農者はここ5年（2017～21年）は毎年5万5000人前後と横ばいで、その半数以上は60歳以上である。新規就農に対して国民が抱くイメージとは裏腹に、その大半は「定年帰農」だ。

それでも、農水省は新規就農者を増やすことに執着している。49歳以下で農業を始めれば補助金を受け取れる就農支援補助金の一つ「農業次世代人材投資資金」を2022年度から大幅に拡充した。就農から5年間に最大690万円を交付していたのを、施設や機械などへの投資資金として1000万円を日本政策金融公庫に無利子で融資させる。その返還金は国と地方自治体が払うので、新規就農者の負担はない。

この制度は2012年、就農する際の年齢が原則45歳未満である人を対象に、所得の確保のために一定額を給付する「青年就農給付金」として始まった。その当初から、就農者が補助金に依存して自立できなくなると批判を受けてきた。給付金というニンジンが目の前にぶら下がっているために、漫然と就農し、給付の終了とともに離農する新規就農者が後を絶たない。だが、今に至るまで、対象年齢や金額が引き上げられて大盤振る舞いが続いている。しかも、農家の子弟が親元で就農しても交付の対象になるという手厚さだ。家業を継ぐ農業者に交付金を出す大義はない。

加えて、農水省が目標としている新規就農者数自体が現実とかけ離れている。「40代以下の農業従事者を2023年までに40万人に」という数字は、政府が「農林水産業・地域の活力創造プラン」の中で2013年に掲げたものだ。2020年版の農林業センサスによると49歳以下の農業従事者は22万7000人に過ぎず、達成は不可能である。にもかかわらず、本書を執筆中の2022年9月の時点でもまだ見直されていない。就農支援の補助金は目的を欠いたバラマキにほかならず、やめるべきだ。

2　減反政策で失われた国際競争力

独禁法が禁じるカルテルを主導した国

これまでみてきたように、零細な農家が滞留してきた原因に保護農政がある。その最たるものが、1970年に始まったコメの生産調整、いわゆる減反政策である。

具体的には、農水省が全国でコメを作付けする面積を取り決め、市町村を通じて農家に割り振った。水田にムギやダイズなどを作付けする転作に対し、さまざまな補助金や助成金を付け、コメの生産を抑制するよう圧力をかけてきた。

その歩みを簡単に振り返りたい。戦後にコメが不足していた時代、国は生産者から高値でコメを買い、消費者に売ってきた。それが1960年代に入ると、コメ余りで消費者米価より生産者米価が高くなる「逆ザヤ」が生じ、赤字が増大する。財政負担の解決策として導入された減反政策だが、その目的は、政治家が農村における票を獲得するため、米価を維持することへと変わっていった。

一般に、特定の事業者同士が互いの利益を守るために販売価格や生産数量を取り決めることを「カルテル」と呼び、独占禁止法での禁止行為に当たる。そういう意味では、国は今に至るまで減反政策という「国家カルテル」を続けていることになる。

なお、2018年に「減反廃止」が実現したとメディアで騒がれたけれども、これは正しくない。単に農水省から都道府県に面積を配分するのをやめただけで、転作に対する補助金や助成金の交付は現在も続いている。水田面積のおよそ4割は依然として減反の対象だ。

過保護が失わせたコメの国際競争力

減反政策の当然の帰結として、日本のコメは国際競争力を失った。そのことは、コメの生産力の世界ランキングを見れば明らかだ。国際連合食糧農業機関（FAO）が加盟国のコメの単位面積当たりの収量をまとめていて、1961年に日本は5位だった。それが2020年に13位まで下がってしまった。

エジプトや中国といった国々は、水を確保するための灌漑施設を整備したり、多収性品種を開発したりして収量を急速に伸ばしている。一方の日本はコメの生産を抑制している以上、収量を上げる必要がなかった。コメの育種を長年独占的に担ってきた都道府県や農研機構は、主食用のコメを育成するに当たって多収性よりも食味の良さを優先してきた。

問題は品種だけではない。米価が高く保たれたことで、零細な農家も稲作を続けることができ、離農が進まなかったのだ。そのため農地が集約されず、大規模な稲作農家であっても、耕作する水田があちこちに点在する分散錯圃《さくほ》の状態に苦しんでいる。

保護農政が農業の生産性を落とし、産業としての成長を阻む。この構図は、現在も続いている。農水省が喧伝する〝危機〟は批判的に見なければならない。高齢化や離農と並びもう一つ追及したいのが、耕作放棄地の増加だ。

3　耕作放棄地問題は農水省のマッチポンプ

61年間で113万ヘクタールの農地を造成

「富山県と同じくらいの面積の耕作放棄地」。これは、メディアが耕作放棄地について取り上げる際の決まり文句だ。全国で農地の荒廃が進み大変だと言いたいようだが、実のところ耕作放棄地の問題には、国による自作自演の面もある。戦後一貫して農地の造成を続けてきたからだ。

耕作放棄地は2015年時点で約42万3000ヘクタールあり、確かに富山県と同じくらいの面積になる。現在はもっと増えているはずだが、農林業センサスで2020年から耕作放棄地を調査対象としなくなったため、把握できなくなってしまった。耕作放棄地は病虫害や鳥獣害の温床になり得る。そういう意味で、増加することは望ましくないとはいえ、致し方ないところがある。

中山間地を訪れて周囲を見渡せば、目に入ってくる山の多くが元は農地だったりする。

農地面積の推移

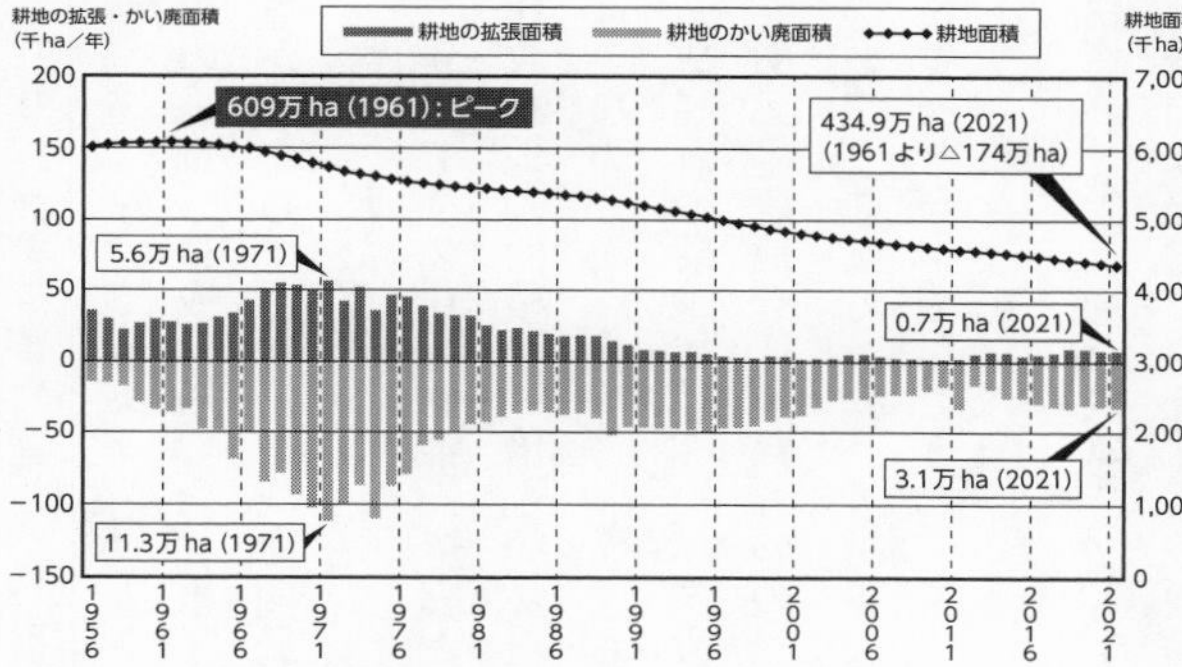

出典：農水省「荒廃農地の現状と対策 令和3年12月」

杉やヒノキの林になっている斜面に分け入ると、かつて棚田があった痕跡の石垣が残っている。何十年も前に耕作放棄されたこれらの棚田を、旧に復さなければと思う人がいるだろうか。

全国で増え続ける耕作放棄地の中には、もはや耕作する必要性のないもの、そもそも開墾された当初から必要性の薄かったものが少なからず混じっている。現に、今に至るまで農地の造成はずっと続いている。２０２０年に新たに拡張された耕地面積は０・８万ヘクタール、21年は０・７万ヘクタールだ（上の表）。０・７万ヘクタールは、東京ドームおよそ１５００個分に当たる。

国は戦後の食糧難を受けて農地の造成を進め、ピークだった１９７１年に拡張した面積は５万

6000ヘクタールに達した。当時、すでに食料生産は過剰基調に陥っていて、コメの生産量を調整する減反政策も同時期に始まっている。しかし、水田の拡張こそ止まったものの、畑の造成は続いた。事業の計画が立てられたころと社会情勢が大きく変わったにもかかわらず、干拓や浅海開発、山を切り拓いての造成などを行う国営農地開発事業は、継続された。

1961〜2021年に造成された農地は、113万ヘクタールにのぼる。これは、耕作放棄地の面積の3倍近い。耕作放棄地の増加に国の農地開発が拍車をかけたのは、間違いない。

造成された農地には、セイタカアワダチソウを生い茂らせているところが珍しくない。とりあえず農地を作ったものの、ほとんど耕作されないまま耕作放棄地になったり、転用されて農地でなくなったりしている。農地開発の費用対効果の悪さは、会計検査院や総務省などが指摘してきた。

耕作放棄地の解消に税金をつぎ込む愚策

「食料の安定供給の確保、多面的機能の発揮を図っていくためには、今後とも国内農業の基盤である農地を確保していく必要（がある）」

農水省は、耕作放棄地の発生を防止すべき理由を「荒廃農地の現状と対策　令和3年12月」でこう説明している。そして、耕作放棄地の解消に対しても、補助金を出しているのである。

２００９年に始めた「耕作放棄地再生利用緊急対策」で、耕作放棄地を農地に戻す活動に10アール当たり5万円を交付することを柱に据えた。活用が少なく、一旦廃止されたものの、２０２１年度に「最適土地利用対策」として復活した。地域一体となって耕作放棄地やその予備軍の農地を整備する場合に、補助が出る。２０２１年度と22年度の概算請求額は、いずれも98億円だ。

しかし、早晩耕作されなくなる農地を作り続け、〝耕作放棄地問題〟を膨らませたのは、農水省自身にほかならない。その解消にさらに予算をつぎ込むとは、税金の無駄遣いも甚だしい。

受益者負担のない農地整備に多額の予算

数億から数百億円という巨費を投じる農地開発は、作った農地が役に立たなくても、土建業が潤うため、地元からの要望が強い。さすがに農地の造成は減っているものの、土木工事を伴う農地の整備には、今も多額の予算が付く。たとえば2022年度の「農地整備関係予算等」は、1608億8000万円だ。

このうち「農地中間管理機構関連農地整備事業」は、細切れな農地をまとめて広くする区画整理だけでなく、農地の造成も対象にしている。予算額は680億4500万円。農地中間管理機構が借り入れている農地を、農家の費用負担なしに基盤整備するという。先の農地整備に関する予算とはまた別建てで、中山間地を対象にした「中山間地域農業農村総合整備事業」があって、やはり農地開発も対象としている。中山間地で基盤整備や生産・販売施設の整備を一体的に進める事業で、先の農地中間管理機構関連農地整備事業と組み合わせれば、やはり農家の負担はゼロにできる。

受益者の負担が一切なく、全て公費で賄われるという制度の設計自体、いかがなものか。ただ、それ以上に問題なのは、この事業の条件である。条件の一つが「高付加価値化等を通じた地域の所得確保」なのだ。

中山間地で基盤整備する対象は、一部に果樹園や畑もあるにせよ、大半が水田になる。事業を経て高付加価値化を実現するとなると、コメ以外の作物を増やさなければならない。となると、野菜、花き、果樹といった園芸作物を作らなければならない。しかし、園芸作物はコメ、ムギ、ダイズといった面積当たりの収益性が低く機械化されている土地利用型作物と違い、面積当たりの収益性は高いが、概して手間がかかる。

中山間地の特徴は、1枚の農地が狭く、人手が少ないということだ。この事業を使って農地1枚を広げれば、土地利用型作物を作る場合の作業効率は良くなる。だが、事業の条件である「高付加価値化等を通じた地域の所得確保」を満たすには、収益性の高い園芸作物を選ばざるを得ない。そうではあるけれども、園芸作物の繁忙期に必要な人手を集めるのは難しい。つまるところ、この事業は絵に描いた餅に終わる可能性が高いのだ。

なお、農水省農村振興局に問い合わせたところ、事業実施前より収益性を上げられず、条件を満たすことができなかったところで、事業費の返還を求めることはない。

この事業により、新たな農地を造成し、既存の農地を捨てることで耕作放棄地が生まれるという事態も起きている。農家からすると、条件不利地での耕作をやめて、新たに整備された農地に移るのは当然だろう。だが、農水省は耕作放棄地の発生自体がよろしくないというスタンスなので、いったいどう考えるのだろうか。矛盾と負の遺産を抱えたまま、農地の造成は続いていく。

転用期待という病

年々減る農地のうち、耕作放棄されるのは半分に過ぎない。残り半分はというと、農外の目的に転用されている。農地は宅地に比べて固定資産税が安く、所持するのにあまり費用がかからない。一方で、住宅や工場、道路などに転用されると高値で売れる。つまり、農家にとって転用は、元手のかからない宝くじのようなものだ。この「転用期待」があるために所有者は耕作する能力がなくても農地を手元に置きがちで、その集約を阻んできた。

農地転用は、建前としては厳しく規制されることになっている。だが現実には、その可否を決める各自治体に置かれた農業委員会のさじ加減次第である。そのため、本来転用を認めるべきではない広くて立地条件の良い農地にショッピングモールが建ったり、太陽光発電のパネルが敷き詰められたりする。

この転用期待が農業の生産性をそいでいるにもかかわらず、農水省は事態を改善するつもりがない。農地の所有者が多すぎて、まとまった農地を確保しにくいという問題は、期待を集めているスマート農業にも影を落とす。このことは後ほど見ていきたい。

ここまで、保護農政がいかに生産性の向上を阻んできたかを振り返ってきた。減反政策のように連綿と続く政策もあれば、新たに始まるものもある。ここ2年で農水省の方針転換を最も印象付けたある戦略は、まさに後者に当たる。農業の成長産業化に資するとして打ち出されたものの、現実には多額の予算を費やして生産性を落とす結果になりかねない。このことを第四章で取り上げる。

第四章　「過剰な安心」が農業をダメにする

1 「有機25%」というありえない国家目標

「有機農業100%」を掲げ、経済破綻したスリランカ

かねてよりあこがれていた景色があった。セイロン紅茶の産地であるスリランカの山岳地帯で、青々とした茶畑が急斜面に張り付くように広がっている。その合間を縫って、古びた青色の列車が走っていく……。そうした風景を撮った写真を一目見て以来、旅行と喫茶が楽しみなだけに、旅心を誘われてきた。

スリランカ政府が、一葉に写った風景を揺るがす決定をしたのは2021年。結果、2022年7月に破産を宣言するはめに陥ったのだ。その要因となったのは有機農業の推進である。

スリランカ政府は、実現すれば世界初となる「国内全土で有機農業を100%にする」という〝極めて野心的〟な目標を2021年に打ち出した。有機農業とは、化学的に合成された農薬と肥料を一部の例外を除いて使わず、作物を育てる農法のこと。スリ

ランカ政府は同年5月から、それらの輸入を禁じることで、農家に否応なしに有機農業の実践を強いたのだ。

これが狂気の沙汰だということは、同国内でも、そして日本も含む海外の農学者の間でも言われていた。後ほど述べるように、農薬と肥料を使わない有機農業は作物の収量や食味の低下、病虫害の蔓延を招きやすい。

スリランカの農家や農学者は、このままでは主食であるコメの収量や紅茶の品質の低下を招くと、激しく反対した。しかし、当時のラジャパクサ大統領はそれを無視。有機農業100％の実現は環境にやさしい優れた政策だと強調した。しかも、有機農業を推進する市民団体のメンバーを農相をはじめとする閣僚として任命していた。

その結果、人口の4分の1が従事する農業は、大打撃を受ける。

米国のニュース誌「フォーリン・ポリシー」によれば、コメの生産量が最初の6カ月で20％減少し、国内の米価は50％値上がりした。2020年までコメの自給率が100％を超えていた同国は、食糧不足に陥り、大量のコメを輸入する羽目になった。外貨を獲得できる茶は品質と収量が下がり、4億2500万ドル（約580億円）の損失を出しているという。

2021年5月からの農薬と肥料の輸入禁止は、半年後の同年11月、あえなく解除された。しかし、その間にコメや紅茶の収量も品質も下がってしまい、政府は農家に多額の補償金を支払わなければならなかった。紅茶をはじめとする農産物の輸出が不調となって外貨の獲得に支障をきたし、食品価格も高騰したことで、かねてからの経済危機が一層深まる。そして、デモ隊による抗議活動が激化。身の危険を感じた大統領は、2022年7月に国外に脱出し、その後辞任した。

国にとって最大の責務は、何といっても国民を食わせることだ。それなのにスリランカ政府は、あろうことか実質的にその役割を放棄し、国家として破綻する結果を招いてしまった。食料安全保障より環境政策を重視するとどうなるかということを、皮肉にも示してしまったのである。

食料安全保障と矛盾する有機急拡大の戦略

スリランカの惨状を対岸の火事として見ていられない国がある。日本だ。

ちょうどスリランカが農薬と肥料の輸入を禁じた2021年5月、我が国では農水省が「みどりの食料システム戦略（以下、みどり戦略）」を策定した。同戦略で目標とするところは、「2050年までに化学農薬の使用量50％減、化学肥料の使用量30％減、有機農業の面積を農地全体の25％に」というものである。同戦略が出された時点で公表されていた耕地面積に占める有機農業の割合はわずか0・5％（2018年）だったので、50倍の規模に急拡大すると打ち出したわけだ。

有機農業は、除草剤や殺虫剤といった農薬を使えないため、除草や虫害への対策に手間を要する。化学肥料と比べると、有機農業で使う有機質肥料は、効果が生じるのに時間がかかりがちで、作物が必要とするタイミングで養分を供給するのが難しく、収量や品質を高く保つのが難しい。以上のような理由から、規定の範囲内で農薬や化学肥料を使う「慣行農業」と同じ生産量を確保するには、より多くの労働者と広い農地を必要とする。つまり、慣行農業に比べて生産性は低い。

農水省は、中長期的に取り組む方針として、おおむね5年ごとに「食料・農業・農村基本計画」を策定している。最新の2020年版では「食料の安定供給の確保」を重要な施策と位置づけているが、有機農業の面積を急拡大すれば、これと矛盾してしまう。

それにもかかわらず政府は、2022年4月にはみどり戦略を推進する新法を成立させ、7月に施行した。この「環境と調和のとれた食料システムの確立のための環境負荷低減事業活動の促進等に関する法律（みどりの食料システム法）」は、有機農業や環境負荷を軽減する農法に取り組む農家や事業者への優遇措置を定めている。具体的には農家や事業者が同法に基づいて計画の認定を受けると、政府系金融機関である株式会社日本政策金融公庫による無利子や低利融資あるいは税制面での特例や行政手続きの簡素化などの優遇を受けられる。

みどり戦略はすでに多大な予算を積み上げつつある。農水省がその関連予算として公表した2023年度の概算要求額は、556億円だ。環境保護のためという大義名分で、農家へのバラマキが強化されている。

農政のちぐはぐさは、みどり戦略においても際立っている。「食料の安定供給の確保」を掲げたかと思えば、生産性の落ちる有機農業を急拡大させるのだから。

以上から農水省の本音をこう読んだとしたら、穿ち過ぎだろうか。「農業を保護の対象としておけば、政策が一貫性を欠いても問題はない。産業としての発展など、もともと望んでいないのだから」と。

みどり戦略の大本となったEUでも疑問や不満

過度な有機農業への傾斜は、先進地である欧州ですら懸念されている。みどり戦略は「ＥＵの農業戦略のコピー」だと揶揄される。そのネタ元は、ＥＵが２０２０年5月に表明した「Farm to Fork（農場から食卓まで）」戦略だ。２０３０年までに農地の25％を有機に、肥料の使用量を少なくとも20％削減、化学農薬の使用量とリスクを50％削減といった目標を掲げている。

ＥＵで有機農業を行う農地面積は、ＥＵ統計局によると２０２０年時点で９・１％。それを10年で3倍近くにするというのだ。ＥＵ最大の農業生産者団体である欧州農業組織委員会・欧州農業協同組合委員会（Copa-Cogeca）は同戦略に多くの疑問を提起し、不満を表明している。同戦略の目標を達成しようとすると、ＥＵの農業の生産性や競争力を損ない、安価な輸入品に市場を渡しかねないと指摘する。ただ、基本的には同戦略に賛成だとしており、農家が環境保護のためにこれまで重ねてきた努力についても評価してほしいと強調している。農家にとっては生活が懸かっているので、懸念を表明するのは当然だろう。

同じことは、同戦略の焼き直しであるみどり戦略にも言える。しかも日本の場合、30年弱という猶予があるにせよ面積を50倍にするのだから、そもそも現実味に乏しい。

「寝耳に水」と有機農業関係者も困惑

有機農業の研究者や指導者、実践者などで構成する日本有機農業学会は、みどり戦略の中間とりまとめが2021年3月に出たのを受けて、同月、大幅な見直しを求める学会提言を出した。そのなかで、戦略をこう批判している。

「みどりの戦略は多くの有機農業関係者にとっては寝耳に水であり、当学会には有機農家や地方自治体から歓迎するという意見と同時に困惑しているという声も寄せられている。農林水産省はこの戦略の影響の大きさに鑑み、拙速な議論を避け、パブリックコメントを実施するとともに、有機農業関係団体、都道府県や市町村等への丁寧な説明と協議を行うことを切に要望する」

みどり戦略は、有機農業の関係者すら蚊帳の外に置いて推し進められてきた。その理由は、日本政府が海外向けに、環境保護やSDGsへの貢献を強調するパフォーマンスをしたかったからだ。その舞台は、同戦略のお披露目の場である2021年9月の「国連食料システムサミット」である。もともとニューヨークで開催予定で、新型コロナが感染拡大した影響でオンラインでの開催となった。食の生産から消費に至る「食料システム」を持続可能な形に変革することをテーマに据えていた。

同サミットに菅義偉首相（当時）が寄せたビデオメッセージが、戦略の中身を端的に言い表している。世界のより良い「食料システム」を構築するために3点を重視するとして、その筆頭の項目として、みどり戦略を挙げた。

「第一に、『生産性の向上と持続可能性の両立』です。このための鍵となるのは、イノベーションやデジタル化の推進、科学技術の活用です。我が国は、5月に策定した『みどりの食料システム戦略』を通じ、農林水産業の脱炭素化など、環境負荷の少ない持続可能な食料システムの構築を進めてまいります」（ビデオメッセージより）

生産性の向上と持続性の両立という難題を解決するために、同戦略を推進する。そのカギになるのがイノベーションやスマート農業ということだ。

困ったときのスマート農業頼み？

みどり戦略は85ページにわたる文書にまとめられており、そこには「イノベーション」「技術革新」という言葉が頻出する。菅首相のメッセージ通り、花形として登場する技術は、農水省がＩＣＴ（情報通信技術）やロボットを活用すると定義する「スマート農業」が多い。たとえば「イノベーション等による持続的生産体制の構築」の具体策として、下記のようなスマート農業技術が盛り込まれている。

・ドローンによって狙った場所に農薬を散布する技術
・ＡＩなどを活用した病害虫の早期検出技術
・除草を自律的に行える除草ロボットの普及
・ＡＩなどを活用した土壌病害発病ポテンシャルの診断技術

スマート農業による技術革新も大事ではある。センサーを使って環境や作物の状態を正確に把握することで適切な農薬や肥料の散布をしたり、灌漑をしたりできるからだ。しかし、みどり戦略の資料を読むと、困ったときの神頼みとばかりに、スマート農業の潜在性に戦略の成否を賭けていると感じてしまう。スマート農業は、みどり戦略に限らず、政府や農水省によってしばしば日本農業の命運を握る存在であるかのように扱われる。ただ、その期待を受け止めきれる情勢に至っていない。その責任もまた農政が負っている。詳しくは第八章で解説する。

有機農業の技術が未確立という問題

みどり戦略には、スマート農業以外にも首をかしげることがある。たとえば、2050年までの「土壌微生物機能の完全解明とフル活用」がそうだ。農薬と肥料の散布を低減するために提示された目標である。

ただ、いったい「完全解明とフル活用」とは何を意味するのか、農林水産業の研究事業を統括する農林水産技術会議事務局に聞くと、その答えは「植物の生育に関わる土壌微生物の動きを徹底解明し、土壌微生物の機能だけで食料を増産する」。つまり、化学肥料を使わなくても農作物が育つ未来が来ることになるということだ。

「英知を結集して解決に取り組んでいこうというもの。2030年までにプロトタイプを作って、残り10年で社会実装を目指す。2050年までには社会で一般的になっている状態にしたい」(農林水産技術会議事務局)

土壌微生物のなかには、作物が必要とする養分を供給したり、病原菌を殺したりするものがいる。こうした土壌微生物をくまなく発見し、それらの活用法を開発し、狙い通りに働かせることができれば、確かに有機農業の推進に寄与する。

もし実現すれば、素晴らしいことではある。ただ、土質や気象、土着の土壌微生物といった無数の条件の組み合わせの上に現実の土壌はある。その複雑さを考えると、「土壌微生物機能の完全解明とフル活用」が実現できるとは思えない。

そもそも、土壌中には膨大な微生物がいる。1グラムに3000種類ほどと推定され、それぞれの果たす役割は謎だらけだ。そんな状態から、果たして2050年までに〝完全解明〟に到達できるのだろうか。常識的に考えれば、とてもできるとは思えない。

農家をどう確保するのか

日本有機農業学会の事務局で、千葉商科大学人間社会学部准教授の小口広太さんは、有機農業を手掛ける農家をどう増やすかという戦略が欠落していると指摘する。有機農業は、慣行農業に比べて手間がかかるため、同じ面積をこなすには、より多くの農家が必要になるからだ。

「戦略の中に、人づくりや新規参入者を育てる視点が入ってない。地域という言葉も、ほとんど出てこない。そういう意味で、地域政策の視点が欠けている。AIやドローンといった最先端の技術を使って生産をどう伸ばすかという話が中心だ」（小口さん）

小口さんは自身による有機農業の新規参入者の調査を踏まえて、「近年の状況を見ると、地域でどう有機農業を広げていくかという地域政策の視点が、弱くなっているところがある」と感じている。これは、みどり戦略も同じであり、「戦略の内容をみると、新規参入者がせっかく有機農業を志しても、それに対応できない」と結ぶ。

2 「有機0・6%」の現状には理由がある

法整備をしても、10年間で面積は0・2%しか増えず

みどり戦略には上述の問題だけでなく、大きな欠陥がある。その最たるものは、有機農業がなぜ今に至るまで0・6%（2020年）という低率にとどまっているかの分析とその対策がないことだろう。

日本における有機農業にとって、これまでの歩みを振り返ると、これから2050年までの30年弱が急成長の好機になるとはとても思えない。

有機農業への関心が高まる契機は、生物学者のレイチェル・カーソンが化学農薬の環

境に対する悪影響を指摘した『沈黙の春』（1962年出版、1964年に邦訳刊行）、そして小説家の有吉佐和子が1974～75年に化学肥料や除草剤による環境汚染の問題を朝日新聞に連載した長編小説『複合汚染』だった。各地で有機農業を志向する団体が出てきて、農家と消費者が直接つながり農産物を売買する「提携」と呼ばれるしくみが生まれた。今はというと、農家の高齢化と後継者の不足に悩む地域が多く、運動はしりすぼみになっている。

2006年には、有機農業の推進を目的に「有機農業の推進に関する法律（有機農業推進法）」が成立している。それまで有機農業への公的な支援はなく、推進のための法制度ができたのは画期的だった。しかし、その後も有機農業は大きなうねりにならなかった。2010～20年に、その面積は0・4％から0・6％になったに過ぎない。

有機農業に憧れて就農した若者の多くが離農する現実

理由は、有機農業で経営を成り立たせることの難しさにある。そのことを明らかにしているのが、全国農業会議所の「平成28年度新規就農者の就農実態に関する調査結果」だ。同会議所は、全国に置かれる農業委員会の全国組織で、新規就農の支援も行ってい

梅津鐵市さん

る。

同調査によると、新規就農者5万人強のうち2割は全作物で有機農業を行っており、一部の作物で有機を手掛ける者まで含めれば25％を超える。耕地面積の0・6％に過ぎないのに比べると、新規就農者に占める割合は高いと言える。

ただし、有機農業での新規参入は有機以外に比べ、売り上げや所得が低水準になりがちで、生計が成り立つまでの年数が長い。新規就農者の4分の1が何らかの形で挑む有機農業はなぜ難しいのか。

「有機農業は、統一された栽培の指導法もなくて、なかなか難しい」

こう話すのは、山梨県北杜市でキャベツや

北杜市は新規参入で有機農業を始める人が多い

レタスなどを栽培する梅津鐵市さんだ（前頁の写真）。１９８０年に脱サラして就農し、出荷先のニーズに合わせて、慣行農業だけでなく、有機や減農薬・減化学肥料などの農法を実践してきた。代表取締役を務める有限会社イズミ農園は37ヘクタールを耕作していて、大規模経営である。

北杜市は有機農業の新規参入が多いことで有名だ。冷涼な気候で害虫の発生が比較的少ないこと、市内に核となる有機農家がいたことなどが影響している。同市に新規参入の相談をする人の８割が有機農業の希望者だ。山梨県の有機農家１７１戸（２０２０年度）のうち、８割くらいが北杜市の農家とみられる。

移住して有機農業を始める人が多い一方で、

定着できずに離農して再び都市に戻る人もいる。生産が安定しにくいこと、販路の確保が難しいことが要因のようだ。
「農業生産技術を学んだ人間が、次に有機に進むなら多少は分かる。1ヘクタールを耕作する農家が、10アールで有機をやろうというなら、それは可能性あるよ。でも、25歳、30歳くらいで会社を辞めて、いきなり有機農業を始める。それは……できない」(梅津さん)
慣行農業に比べ、有機農業は使える資材が限られ、難度が上がる。だから「慣行農業もできないのに、いきなり有機はないだろう」(同)というのだ。

指導できる人材がいない

家業を継ぐ親元就農や、居抜きに近い第三者農業経営継承(後継者のいない生産者が継承希望者に農地や施設、機械やノウハウなどを譲ること)を除けば、新規就農する際に農地や機械、設備などで初期コストがかかる。農業大学校などで学んでから就農する人も増えているが、授業や訓練を受けただけで農家として即通用するレベルになるわけではない。
さらに有機となると、一層ハードルが上がる。

「そもそも、指導できる人間がいないんだ。きちんと指導できる人間を育てることが先だね」

梅津さんはこう指摘する。農家に技術指導をする存在としては、都道府県の農業普及指導員とＪＡの営農指導員がいる。が、いずれも慣行農業が主で、有機農業を教えられる人材は少ない。有機の施肥や病害防除の体系が、慣行栽培とあまりに違いすぎるからだ。

山梨県は、都道府県の中では有機農業に力を入れている方で、有機農業の推進計画を定めている。県立の農林大学校には、就農トレーニングとして年に10回学ぶ「有機農業コース」も設けている。それでも「有機農業の指導ができる農業普及指導員は、かなり少ない。特に技術的な指導は、若干不足している部分がある」と、同県の農業技術課も認める。

作るだけでなく、売る力も必要

実際に北杜市で就農した有機農家は、どう感じているのだろうか。畑山農場代表の畑山貴宏さんは、２００３年に市内で就農した。３ヘクタールで、小松菜やレタス、キャ

畑山貴宏さん。手にしているのは伝統野菜の「甲州もろこし」

ベツ、トマトなど30品目を有機栽培している（上の写真）。

取材に訪れたところ、「明日、明後日と2日続けて、有機農業をしたいという相談を受ける」とのことだった。新規就農の相談に乗った人数は「100人くらいいるかもしれない」。就農希望者の研修も行っており、ごく短期も含めれば、20人ほど受け入れてきた。

「有機の新規就農者の課題は、販路だと思う。農協みたいな出荷先がないから、自分で販路を探さないといけない。今は野菜を作れるだけでなく、売るためのコミュニケーション能力がある人じゃないと、うまくいかない。実際、弱肉強食の世界になっている」（畑山さん）

畑山さんは、販路をゼロから切り拓いた。最初は個人消費者向けに野菜セットを販売するのが主だったが、小売店や飲食店にも出荷するようになり、今ではスーパーなど小売店での販売がメインになっている。

「作るのに専念する方が向いている人もいる。そういう人が売り先の確保に苦労しないでうまく経営していくには、農協に代わるような、新しい組織が必要なのかな」（畑山さん）

JAの中には有機栽培をする生産者のグループを持つところや、有機農産物を扱うところもあるが、それほど多くない。畑山さん自身は、新規参入者を支えたいという思いもあって、北杜市の有機農家を束ね、小売店に共同出荷する仕組みを作ってきた。複数の出荷グループで20人ほどの農家から野菜を集荷し、スーパーなどに出荷する。

北杜市には、１００戸を優に超える有機農家がいるはずだが「有機農業で生計を立てている、つまり家族を養える規模でやっているのは40人くらい」という。半農半Xのような感じで、農業をするというよりは「農的な暮らし」を志向している人が相当多いようだ。一方で、農業だけでは生計が成り立たず、収入を補うために始めたアルバイトが、図らずも主業になってしまう人もいる。

なお、住民が有機農業に理解を示す地域は多くない。新規で有機農業をしたいと言うと、露骨に嫌な顔をされるところもある。慣行農業をする農家が有機を毛嫌いして拒否反応を示す場合もあれば、有機農業の新規参入者が相次いで離農したり、技術不足で病害虫を発生させて周囲に迷惑を掛けたりといった悪しき先例に、既存の農家が辟易している場合もある。

一部には、認められた化学合成農薬も

有機農業については、欧米で普及しているのを引き合いに、「日本でももっと拡大できるはずだ」と安易に言い切る人が少なくない。しかし、日本には、有機農業を広めるにあたって不利な環境上の条件がある。高温多湿で病虫害が発生しやすく、雨が多いために土壌中の養分が流出しやすいということだ。

梅津さんは、有機食品の検査認証制度である有機ＪＡＳが１９９９年にできるにあたって、農水省が検討のために設置した委員会の委員を務めた。今の基準、つまり化学的に合成された肥料や農薬を使わないと示されたとき「本当にこんなことやるのって言った」と振り返る。

梅津さんは、自然界に存在する物質を化学合成した資材の一部を、農薬や肥料として使えるようにすべきではないかと話した。農水省の担当者の回答は、「それを認めると、わけが分からなくなる。できるだけ、分かりやすくしたい」というものだった。

その実、化学合成された農薬でも、一部は使用が認められている。たとえば硫酸銅と生石灰を混ぜたボルドー剤がそうで、ブドウ栽培で殺菌剤として広く使われる。フランスをはじめとするブドウの産地では、その使用を認めないと、そもそも生産が成り立たないという事情があったと梅津さんは言う。

「ボルドー剤が適用除外されたと聞いて、そんなのフランスの身勝手だろうと言ったんだ。日本は高温多湿なんだから、その理屈でいうと、いくつか追加で農薬を使えるようにしたらいい。そういう主張を、国際会議の場でしたらいいと言ったんだけど」

梅津さんは、当時開かれていた有機農業の国際会議に出ていた有機農家にこう意見したと回顧する。

有機25%を目指すなら基準の見直しを

有機ＪＡＳは、国際的な食品規格の策定などを行うコーデックス委員会が１９９９年に定めた「有機的に生産される食品の生産、加工、表示及び販売に係るガイドライン」に準拠した資材だけ使用を認めている。ガイドラインを検討した作業部会には、日本も加わっていた。しかし、その策定は欧米主導で進んだ。有機農業を本当に25％に拡大するなら、今の有機ＪＡＳ基準の見直しは避けて通れないはずだが、今のところそういう議論はされていない。

みどり戦略の掲げる25％は、有機ＪＡＳ認証を受けないけれども認証と同等の栽培をする面積も含む。ただし、認証がないとそもそも有機を名乗ることができず、栽培方法が果たして有機に準じているかも担保されない。そのため、認証のない面積を大幅に増やすメリットは薄い。

有機農業は本来、環境にも人にもやさしい農業を目指して編み出された農法だ。ところが実際には、有機農業の核となる資材である堆肥も、施し過ぎれば環境を汚染するし、土壌病害の原因にもなる。杓子定規に基準を作ったために、農家にも環境にも負荷をかけかねないのが、日本における有機農業の姿だ。そうした山積する課題と取っ組み合う気概は、残念ながらみどり戦略からは感じられないのである。

3　遺伝子組み換え作物こそ、最も安全な食べ物である

有機農業から遺伝子組み換え作物を除外する矛盾

農水省が有機農業を推進することに関して、もう一つ無視できない問題がある。それは、多くの日本人から不安視されたり、ときに毛嫌いされながらも、もはや我々の生活とは切っても切り離せない遺伝子組み換えだ。

先ほど紹介したように、有機農業を推進する目的を持つ法律としては、環境負荷を低減する農業システムの確立を図るという、より幅広い役割を持たせた「みどりの食料システム法」が2022年に施行される以前から、2006年に誕生した「有機農業推進法」が存在している。同法は第二条で、有機農業について次のように定義している。

「化学的に合成された肥料及び農薬を使用しないこと並びに遺伝子組換え技術を利用しないことを基本として、農業生産に由来する環境への負荷をできる限り低減した農業生

産の方法を用いて行われる農業」

これまで各章で追及してきた農水省の矛盾した態度は、この定義にも顕著に現れている。それは、「遺伝子組換え技術を利用しないことを基本」としている点だ。というのも農水省は、遺伝子組み換えについて科学的な根拠に基づき安全性を審査したうえで、その作物の栽培を許可している。つまり、遺伝子組み換え作物の安全性について認可しておきながら、一方でその作物を栽培することを有機農業という枠組みからは除外しているわけだ。これは、ダブルスタンダードもいいところである。ひとつ断っておきたいのは、遺伝子組み換えの肩を持つつもりは毛頭ない。ただ、遺伝子組み換え作物に関するこうした矛盾を放置しておいていいのかという問題意識を強く持っているだけだ。

ところで、前段の文章について、読者のなかには意外に思った方が多いかもしれない。それは、遺伝子組み換え作物の栽培が許可されているという点だ。遺伝子組み換え作物は日本で栽培できない、と思っているのではないだろうか。さらには、自分たちは遺伝子組み換え食品を食べていないとも。いずれも事実とは異なる。

本節では、遺伝子組み換えを有機農業から除外することの矛盾を追及していくが、その前にこの技術や作物、食品に関する誤解を解いておきたい。もう一つ言っておけば、現状のように遺伝子組み換えについて議論を尽くさぬまま、国内の農地で商業的に栽培できない状態を放置しておくことは、「食料安全保障」を掲げる農水省にとっての責任逃れにほかならない。

科学的に最も安全が担保された食品

先ほど述べたように、世間的にはあまり知られていないようだが、日本でも国が使用を認めている遺伝子組み換えの作物は存在する。2022年8月時点で栽培が認可されているのは、トウモロコシやダイズ、西洋ナタネなどで149品種に及ぶ。我々が普段口にしている食品の多くは遺伝子組み換え作物として国内でも栽培できるのだ。

いずれも、世界共通の指針に基づき、食品と飼料、環境（生物多様性への影響）という三つの点で安全が担保されたものである。念のためにそれぞれ依拠している法律を挙げると、食品は食品衛生法と食品安全基本法、飼料は飼料安全法と食品安全基本法、生物多様性はカルタヘナ法となる。これらの法律に沿って審査を受け、問題がないとされたものだけが輸入や流通、栽培できる。

一方で、通常の育種技術によって生み出される作物と食品には、これだけ厳密な審査が求められない。そういう意味では、遺伝子組み換えの作物と食品は科学的に最も安全が担保されているといえる。

149品種が認可されるも、商業栽培は青いバラのみ

ただ、遺伝子組み換え作物についていえば、実際に日本で商業的に栽培されているのはただ一つしか存在しない。それは、サントリー株式会社が世界で初めて遺伝子組み換え技術を用いて育成した青いバラである。

赤や白、桃、黄色など幅広い色があるなか、かつて青いバラは存在しなかった。その色を実現するために品種開発が重ねられてきたものの、それは従来の育種技術では叶わぬことだった。バラの花弁には青色の色素を作るのに必要な酵素の遺伝子が存在しないためだ。

そこで、遺伝子組み換え技術を用いて、青色の色素を作るのに必要な酵素の遺伝子をパンジーから取り出して、バラに組み込むことで、青いバラを生み出すことに成功した。市販されているので、どこかで見かけたことがある人も少なくないはずだ。

日本でも栽培したい農家はいる

もちろん、青いバラのほかにも認可された品種があるということは、基本的にその種苗の権利を持つ企業が日本で栽培してもらうことを目的に申請したわけである。それなのに、なぜ栽培されていないのだろうか。この問いに、最適ともいえる人物が答えてくれた。日本モンサント株式会社（現・バイエル薬品株式会社）元社長の山根精一郎さんである。

山根さんは、東京大学大学院農学部植物病理学博士課程を修了後、1976年に日本モンサントに入社し、2002年から2017年まで社長を務めてきた。日本モンサントといえば、遺伝子組み換え作物でまずその名が挙がるモンサントの日本法人。同法人は、遺伝子組み換え作物を日本で普及することを主な事業としてきた。だが、日本で遺伝子組み換え作物は普及するどころか、栽培も行われていないことは既述のとおりだ。

山根さんは、退職後の2017年4月に株式会社アグリシーズを設立。遺伝子組み換え作物について科学的な事実を知ってもらうため、引き続き活動をしている。そんな遺伝子組み換えに詳しい人物に話を聞いた。

「日本でも遺伝子組み換え作物を栽培したい農家はいます。実際、これまでに数々の相談を受けました。彼らは、雑草や害虫の管理が大幅に楽になるとか、収穫量が上がるなどで、遺伝子組み換え作物を導入したいと考えているのです」

山根さんは、こう前置きしたうえで、農家が栽培しない理由について次のように説明する。

「一言でいえば、周りの反応や苦情が怖いからですね。『自分の作物が遺伝子組み換え作物と交配したら困る』と非難されるわけです。適切な措置を講ずれば、そんなことは起きえないのですが……。それから遺伝子組み換え作物を栽培すると、その地域の作物全部に風評被害がもたらされるのではないかと懸念されることもあります。だから実質的に作れないわけです」

実は、日本でも遺伝子組み換え作物を栽培しようとした農家はいる。だが、山根さんが説明するとおり、行政機関やＪＡ、消費者団体などからの反対に遭って断念するよりほかなかった。

反対することで利益を得る人や組織

いったんここまでの話をまとめると、国は遺伝子組み換えの作物と食品の利用を認可している。だが、科学的に安全だとお墨付きを与えたその作物を農家が有機栽培しても、有機農業推進法ではそれを有機農業には入れないというのだ。これは、非科学的な対応にしか思えないが、なぜそうした判断に至ったのか。農水省に確かめると、「議員立法であるこの法律は、コーデックスのガイドラインを基にしていると聞いています」と、どこかよそ事のような回答である。

先ほども少し触れたが、コーデックスとは、FAOと世界保健機関（WHO）が共同で決める国際的な食品規格だ。その食品規格をつくるのは、日本も加盟する政府間機関のコーデックス委員会である。農水省が説明するとおり、有機農業推進法は、同委員会による「有機的に生産される食品の生産、加工、表示及び販売に係るガイドライン」に準拠している。そして、同ガイドラインでも遺伝子組み換え作物を有機農業から除外しているのだ。

国際的に食の安全を巡る矛盾がまかりとおってしまっているのは、特定の人や組織による遺伝子組み換えへの反発を、政治が無視できなくなっているからである。山根さんは、これまでの体験を踏まえて反対派について次のように語る。
「遺伝子組み換えへの批判は、どれも科学的には正しくないことが示されているものです。それでも反対運動がなくならないのは、その活動によって利益を得ている人や組織があるからです。具体的には、有機作物やオーガニック食品を支持する消費者団体や活動家、食品会社など。私は、有機作物やオーガニック食品を生産したり利用したりする人は認めますが、それらの商品を購入させるために、ありもしない事実を捏造する事業者には強い不信感を持っています」

国内を見れば、種苗法の改正に反対した人や組織の多くは、遺伝子組み換え作物を国内で栽培することにも食品として流通させることにも反対してきた。彼らの論拠はいずれも事実に基づかないことは、これまでの章で見てきたとおりだ。それによって種苗法の改正が骨抜きにされたように、遺伝子組み換えについても不当な扱いをされたままの状態が続いている。

日本人が日常的に摂取している遺伝子組み換え食品

ところで、遺伝子組み換え作物が国内で栽培されていないからといって、日本人が遺伝子組み換え食品を食べていないわけではない。それどころか、我々はごくごく日常的にそれを口にしている。いずれも輸入した農作物やそれを原料にした加工品である。

一般的なものを挙げれば、食用油や醤油、マヨネーズ、マーガリンなどの加工調味料だ。国内で製造されているこれらのほとんどの原料は、輸入した遺伝子組み換えのダイズやナタネ、トウモロコシ、綿実（綿の種子）である。

我々は遺伝子組み換え技術でできた食品添加物も摂取している。代表的なのは、チーズづくりに欠かせない、牛乳を凝固させる作用を持つ酵素の「キモシン」である。かつてこの酵素は、子牛の4番目の胃から少量しか取れないため、貴重品とされてきた。

そこで、遺伝子組み換え技術を活用して微生物にキモシンを作る遺伝子を組み込むことで、キモシンを大量生産できる技術が開発された。一般社団法人Jミルクによると、現在、世界におけるチーズの製造量の約6割が遺伝子組み換えキモシンを活用している。もちろん日本人もそのチーズを普通に食べている。

まずもって我々は、こうした矛盾を見過ごしながら、毎日を送っていることを自覚すべきである。すなわち遺伝子組み換え作物は、科学的に安全と認められているのに、事実上その栽培ができない。しかも、日本人の多くがその食品を不安視や毛嫌いしながらも、実のところは食べているということについてだ。

問題であることに、農水省は正確で十分な情報を提供しながら、不安に感じる人たちとの話し合いでそれを解消することを諦めてしまい、こうした相矛盾した事態を放置してしまっている。農業の発展と食料の安定的な確保に資することよりも、大衆に迎合することを大事にするのであれば、組織としての存在価値はないのではないだろうか。

第五章　日本のコメの値段が中国で決まる日

1　ＪＡに潰されたコメの先物市場

日中でコメ先物市場に明暗

２０２１年７月下旬、あるニュースがコメ業界に衝撃を与えた。試験的に上場されていたコメの先物市場について、監督官庁である農水省が本上場を認めないと決めたのだ。業界関係者の間では、本上場することが確実視されていた。それだけに、彼らにとって不認可は「青天の霹靂」だった。

コメの先物市場では、最長で１年後までの将来の決めた日に、あらかじめ決めた価格で、コメを売買する契約を結ぶ。農家からは米価の下落という危機への備えと、経営計画の立案に有益であると評価されていた。そんな期待から２０１１年に試験上場され、その後２年ごとに延長を繰り返し、今回が本上場の最後のチャンスと言われていた。

一転して不認可になった背景には、ＪＡの意向を受けた自民党農水族の大物政治家による農水省への圧力があったとされる。

第三章でみたとおり、コメは長年、政治の道具にされてきた。零細な農家がひしめくコメの生産現場を過保護に扱うほど、農家票が自民党に集まったからだ。農政は長年、米価をいかに高く保つかに血道をあげている。そのために、いわゆる減反政策でコメの生産を抑制してきた。コメを自立した産業に育て上げるという視点は、そこにはなかった。結果として、主食であり食料安全保障に重要であるはずのコメについて、生産性を落とし、価格すら政治で決まる作物にしてしまった。

先物市場が廃止という結末を迎えたことは、コメが相変わらず政治的な作物であることを改めて印象付けた。

日本で先物市場の廃止が不可避になった2021年8月、384万トンの取扱量を記録したコメの先物市場があった。中国東北部にある大連商品取引所である。2021年の月平均の取扱量は450万トンで、約160億元に達した。日本におけるコメの年間生産量は700万トン弱なので、ひと月だけでその6割が取引されるというから、とんでもない。

大連でコメの先物市場が上場されたのは、2019年8月のことに過ぎない。歴史の浅い大連で取引量がうなぎのぼりを続け、多くの投資会社が参入するのはなぜなのか。

日中でコメの先物市場の明暗が分かれた理由はいったい何だったのか。この問題には後ほど触れることにして、まずは日本の先物市場に期待されていた役割について振り返りたい。

自由で開かれた市場がないコメ

コメの相場を何とかして知りたい――。これは、稲作で生計を立てる農家に共通した思いだ。なぜなら、コメには青果や花きのように自由に取引できる市場がないからだ。コメの取引では、ＪＡ全農をはじめとする集荷団体と卸売業者の双方が当事者どうしで価格を決める「相対《あいたい》取引」が主流で、その売買価格は当事者の間でしか共有されない。

米価の指標となるものとして、農水省がＪＡや出荷業者などに聞き取り、公表している「相対取引価格」がある。ただ、公表されるのは、リアルタイムではなく、半月以上の遅れがある。ほかにＪＡが生産者の出荷の際に支払う「生産者概算金」があるが、ＪＡ以外の卸売業者や集荷業者による取引価格は明らかではない。つまり、国内にはコメの相場を大きく映し出すような指標がない。このため、農家や業界関係者は、相対取引における米価を把握することに頭を悩ませてきた。

生産者概算金にしても、JAが農家から取る手数料がいくらなのかは不明だ。実際の需給を踏まえず、恣意的に価格を付けているとも指摘されている。

そんなコメ業界に風穴を開ける役割を期待されたのが、コメの先物市場だった。

農家のリスク回避に資するという役割

コメの先物市場は、江戸時代の1730年、大坂堂島米会所で開設される。これは先物取引そのものの始原でもある。その後、コメの先物取引は200年余り続いたものの、戦前に廃止されてしまった。それを大阪堂島商品取引所（現在は堂島取引所。以下、堂島取引所）が2011年、実に72年ぶりに復活させたのだ。

2011年の復活にあたってコメの先物取引に期待された役割は、先に述べたとおり、相場のはっきりしないコメの価格形成を透明化することである。加えて、そのときどきの相場に左右されず、あらかじめ決めた額で売買できることでリスクの回避に資するという役割もあった。

農家は、直売する場合を除いて、コメがいくらで売れるのかが収穫の秋まで分からない。将来に一定の量を売買すると決めておく契約栽培にしても、コメの場合、価格をあらかじめ固定しておくのはまれで、実際には秋の相場を見て価格を設定することになる。その点、コメの先物が取引されていれば、作柄の出来不出来や需要の変化によるその後の価格変動を回避できるのだ。

たとえば、コメ農家が将来の現物相場が下がると予想したとする。先物相場で1俵(60キロ)当たり1万5000円で売りに出せば、秋の現物相場が1万3000円に下がっても、それとは関係なしに1万5000円を手にできる。逆に現物相場が1万7000円に上がっても、手にできるのは1万5000円となる。

なお、現物相場が上がった場合にも、「反対売買」により取引関係を解消できる。反対売買というのは、決済日までに買い手であれば売り出す。逆に売り手、つまり農家であれば買い入れをする。それによって取引関係を解消し、金銭で決済することを言う。こうしたリスク回避の恩恵は、もちろん買い手も受けることができる。

「驚天動地」の本上場不認可にJAの影

コメの先物市場は2011年の試験上場後、2年を期限とする試験上場を4回も延長した。JAや自民党農水族から本上場に反対されたからだ。農水省は本上場を認可する基準を次のように定めていた。

「十分な取引量が見込まれる」

「生産と流通を円滑にするために必要かつ適切」

試験上場から10年が経ち、実績も残せたとして、堂島取引所は2021年に満を持して本上場を申請した。

同年8月の本上場を見越して、筆者（山口）は「中国コメ先物急拡大の歩み」という記事を農業の専門誌「農業経営者」で組んだコメの特集向けに執筆していた。日本ではほとんど報じられない中国の先物市場がかなり柔軟に運営されていると紹介することで、国内の先物市場を変えるきっかけになればという狙いからだ。この特集自体、本上場が既定路線と踏んで企画されたものだった。

ところが、特集を載せた同誌がすでに刷り上がった段階で、農水省は態度を豹変させる。同年7月下旬に不認可の方針を示したのだ。本上場に祝杯を挙げると同時に、先物市場の欠点を指摘してくぎを刺すはずだったこの記事は、見事なまでの空振りに終わった。

コメの先物市場は、取引量を前回の試験上場時（2017〜19年）の3倍に伸ばしていた。しかし、農水省は参加者が少ないといった理由で本上場を不認可とする。堂島取引所の中塚一宏社長（当時）は、7月29日に開いた記者会見で上場廃止を「驚天動地」と語った。農水省と重ねてきた事前の協議において、問題点の指摘を受けず、本上場を妨げるものはないと理解していたからだ。

農水省がどのような基準に基づいて非上場を決めたかは不明で、上場廃止の裏に政治の圧力があったのは間違いない。直接圧力をかけたのは、自民党の大物国会議員だったとされる。けれども、元凶はコメの4割を集荷するJAだった。

「マネーゲーム」と批判する裏に価格決定権への執着

「投機的なマネーゲーム」

「上場廃止に向けた運動を展開する」

2011年にコメの先物市場が試験上場された際、JAグループの指導機関であるJA全中の萬歳章会長（当時）は、こう敵意をむき出しにした。それもそのはずで、先物市場がそれまで上場されなかった大きな理由が、ＪＡによる強固な反対だったのだ。２００５年には認可寸前まで進んだものの、ＪＡの意向を受けた自民党に阻まれた。しかし、民主党に政権交代したことでＪＡの政治力が弱まり、２０１１年８月に試験的とはいえ上場されることになった。

ＪＡの反対理由は、主食であるコメを投機的なマネーゲームの対象とするのは、食料安全保障の観点から問題があるというものだ。ただ、パンや麵類が多く食される今と比べ、コメがまさしく主食だった江戸時代から、日本人は２００年もの間コメの先物取引を続けてきた。投資家の資金を呼び込むことで米価が上がる可能性もあるし、農家の負うリスクを投資家が肩代わりする側面もあることを、ＪＡは見落としてしまっている。

さらなるメリットとして、先物取引がコメの適正な価格形成につながることが挙げられる。富山県の漁村の主婦たちが米価暴騰を理由に１９１８年（大正７年）に起こした米騒動。このとき、米価政策の改革が打ち出され、先物市場も全面停止となった。ところがその意に反して米価はさらに高騰する。価格の指標を失ったことで、一気に買いが進んだからだ。先物市場の必要性は歴史が証明している。

ＪＡが先物市場をマネーゲームだと断罪するのは、建前に過ぎない。本音は、自らが持つコメの価格決定権が揺らいでは困るということ。そして、米価を高く維持するほど、手数料収入が増えるということだ。

ＪＡのコメの集荷率は全国平均で53％（２０２１年度）と、だいぶ減ってきているとはいえ、まだ卸売業者への価格提示において力を持つ。もし先物市場が活性化すれば、それが指標となる価格をつくり、ＪＡが提示する米価の正当性を揺るがすことになる。

２０１７年からＪＡ全中の会長を務める中家徹氏は、本上場について「農家やＪＡのためにならないことは、すべきではない」と話していた。ＪＡのそうした意向を自民党の国会議員がくみ取り、先物市場を潰すことで、２０２１年秋の第49回衆議院議員総選挙への協力を取り付けようとした。これが急転直下の上場廃止に対する、もっぱらの憶測だ。

過去に潰した現物市場の復活を議論する支離滅裂

農水省は、先物市場の本上場を不認可として間もない２０２１年9月、今度はコメの現物市場を作るとして「現物市場検討会」を開いた。「米の需給実態を示す価格指標として十分な現物市場が存在していない」からとしている。

価格の指標となっていた先物市場を潰すという正反対のことをした直後であり、ブレーキとアクセルを同時に力強く踏むような、意味不明な対応である。その理由は、自民党が農水省に対し、現物市場の創設に向けた検討会を速やかに設置せよと8月上旬に申し入れたからだ。

先物市場を潰せば、コメの価格が不透明になると批判を浴びるのは避けられない。だから自民党は先手を打って、現物市場の創設を議論する姿勢を示そうとした。先物の廃止と現物市場の検討という相矛盾する要求を農水省はそのまま受け入れた。政策の一貫性のなさも、ここまで来ると呆れるというより、逆に感心してしまう。

しかも、国内には過去に価格形成のための現物市場が存在した。その名も「全国米穀取引・価格形成センター（コメ価格センター）」。1990年に創設されたコメ価格センターが閉鎖されたのは、2011年のことだ。価格の指標とする現物市場が消えてしまったために、新たな指標として先物市場を作った経緯がある。今度は先物市場を潰してしまったので、また現物市場を作るという。実にちぐはぐな対応なのだ。

さらに言うと、コメ価格センターは取引量の急減により価格形成の機能を果たせなくなって閉鎖された。その引き金を引いたのが、JAにほかならない。コメの取引価格が公になるのを嫌ったＪＡ全農がコメ価格センターを使わない相対取引に移行したのだ。

ＪＡは販売手数料で収入を得るので、米価をできるだけつり上げておきたい。高値で売れた方が組合員も満足する。そのため、コメ価格センターで買い手と談合して落札価格をつり上げ、事後に値引きするという不正も横行した。さらに、反対に至る別の理由もあったと事情通の農家は話す。

「コメ価格センターがなくなったのは、農協がとっている販売手数料が透けて見えるから。今回議論している現物市場でも、手数料が透けて見えることになる。農家からすると、なんでこんなに手数料をとるんだとなるので、一番困るのはＪＡ全農」

価格の指標がなくてＪＡが苦しむ皮肉

コメ価格センターが存在した２０１１年までと比べ、ＪＡの集荷率は下がっている。もし現物市場ができて大規模農家が積極的に使うようになれば、価格の指標ができあがる可能性が高く、ＪＡにとって脅威となる。にもかかわらず、ＪＡ全中の中家会長はなぜか前向きな姿勢を見せた。２０２１年8月11日の定例記者会見で、現物市場について「農家のためになるような形のものができればと思っている」と発言したのだ。

先物市場の本上場に否定的だったＪＡが、もろ手を挙げて現物市場に賛成するとは考えにくい。検討が続くにつれ、その意図するところが露わになった。同年11月2日の現物市場検討会でＪＡ全中の馬場利彦専務が表明した次の意見がまさにそうだ。

「既存の現物市場を改善する方向でスモールスタートとすべき」

「現物市場の目的は需要に応じた生産のために需給シグナルを生産現場に伝えること」

これだけ読んでもよく分からないので、補足する。まずＪＡ全中としては、現物市場を大きく成長させることは望んでおらず、小さく始めたい。需給や価格の動向が農家に伝わる程度のものであればいい、ということだ。農家にコメの需給を伝えられるように協力はするが、コメの価格決定権は手放さないという態度が見て取れる。

それならば、なぜＪＡ全中は先物のときのように反対しないのか。検討会の関係者は言う。

「価格がこうなるというシグナルを春の段階で出せるような仕組みになってほしいというのが、全中の思惑。田植えをする前に今年はいくらという値段が見えれば、農家がこんな値段では経営が成り立たないからコメを減らそうという判断をして、自動的に需給がコントロールされるんじゃないか。全中はそう考えている」

米価の下落基調が続くなか、組合員はＪＡが高い生産者概算金を提示してくれることに期待している。ＪＡも、その期待に無理をして応えてきた。しかし、２０２１年の秋は、２０２０年産米の在庫がいまだに積みあがっているところに新米が出回るという状況で、全国的にＪＡの示す生産者概算金は大幅に下がった。米価の指標が存在しないことにＪＡ自身が悩まされるという皮肉な事態に陥っており、農家に需要のないコメの生産を控えさせるために指標を出してほしいということなのだ。したがって、中家会長の「農家のためになるような形のものができれば」という発言の真意は、「ＪＡのためになるような形のものができれば」という意味にほかならない。

時代遅れのコメ政策

ＪＡ全中のそんな思惑に引っ張られ、現物市場の構想はどんどんトーンダウンしている。農水省が検討会を経て２０２２年3月にまとめた「制度設計」によると、現物市場と言いながら、現実には市場を設置しない。生産者や集荷業者、卸売業者などが集ってコメの売買と情報交換をする会合を定期的に開くだけだ。こうした取引の場は「席上取引会」としてすでに存在する。既存の取引会の種類を増やすに過ぎないのに「現物市場の創設」とは、聞いて呆れる。

検討会の結果を見る限り、農水省は活発な取引や本当の市場の形成など望んでいない。担当する新事業・食品産業部商品取引グループは、「公が動いて公設市場を作るのではなく、あくまで民間が取引の場を設けてコメの売買をする」という態度だ。

さらにその開催の頻度について、関係者から「骨董市のよう」と批判の声が上がっている。取引規模の大小によって、年に7回か2回で、それ以外に随時取引を行うだけだからだ。

公設の市場で、取引が急速に落ち込んだコメ価格センター。その失敗の記憶が鮮明にあるだけに、「あんなお役所みたいに値段を決める場じゃ、魅力がなくて誰もかかわらない。現物市場を作るなら、活発に取引がされる本当の市場、マーケットじゃないといけない」(先の農家)というのが、コメ業界の関係者に共通した意見だ。

ところが、できあがるものはコメ価格センターにすらはるかに及ばない。価格の指標を形成したという実績を作ることが農水省の目的だと感じる。

そうこうしている今も、中国では日々、開かれた市場で大量のコメ先物が取引されている。それこそ、農水省の言う「価格形成の公平性・透明性を確保しつつ、米の需給実態を表す価格指標を示す」（農水省「米の現物市場検討会」のホームページ）という役割を果たしてきた。

かたや日本では〝現物市場〟がいつ設けられるか不明で、開催の頻度も先述したとおりである。両国のコメ先物をめぐる対応にこれだけの落差が生じたのは、農政の本気度に大きな開きがあるからだ。

2　先物市場を国策として推進する中国

日中のコメ先物に共通項が多数

約5400万トン、1900億元（日本円で3兆4200億円）――。

これらの数字は、中国・大連商品取引所のジャポニカ米の先物市場で、2021年に扱われた量と金額だ。中国の東北産米の一部を扱うに過ぎないのだけれども、凄まじい規模である。日本の主食用米の生産量は700万トンを下回っているので、その8倍ほどに達する。当の日本は同年8月にコメ先物市場を上場廃止しており、両国の対応は好対照をなしている。

日中のコメ先物取引には、共通点が多い。そもそも、農家数が多く、1戸当たりの耕作面積が狭いという農家の置かれた環境がよく似ている。加えて、コメの先物取引を導入した目的も一致している。

「国家の食料安全保障にかかわる戦略作物であるコメ産業の安定化に欠かせない」

大連でのコメ先物の上場に際して、中国の穀物と食用油の業界組織である中国糧食行業協会副会長が語ったこの言葉は、日本のコメ先物にもあてはまるものだった。大連商品取引所の上場にあたって強調された、先物取引が生産者と実需の双方に資するリスク回避の機能を持ち、経営の安定化につながるということは、まるまる日本にもあてはまる話だった。

なぜ中国では市場が活性化し、かたや日本では廃止に追い込まれたのか。中国の歩みを振り返ると、日本の先物取引に欠けていた部分が浮き彫りになる。

挫折から20年を経て市場が復活

中国におけるジャポニカ米の先物取引は、実は1993年の上海に端を発する。当時、中国政府は、改革開放以前の計画経済と決別しようとしていた。政府による統制をいつまでも続けるのではなく、市場に価格形成を委ねられないか。こんな期待から1990年代に各地で先物取引所が設立され、実験的に取引が始まる。1993年6月30日に上海粮油商品交易所（現在の上海先物取引所）で始まったコメの先物取引も、その一つだ。

ところが当時の中国では、先物のリスクも、取引の監督の必要性も、きちんと認識されていなかった。取引を開始して初めて、規制の必要性に気づくというありさま。この年の11月には「先物市場の盲目的な発展を断固として阻止しよう」という通達が最高行政機関である国務院から出され、急ブレーキがかかった。

コメの先物取引では供給不足が原因で、何度も価格が急騰する。リスクが大きすぎるとして、翌1994年10月にあっけなく取引停止となった。こうして初の上場は、わずか1年少々という短命に終わる。

それから20年を経て、コメ先物が復活した。大連商品取引所が発行する「ジャポニカ米先物取引指南」は、復活の理由を四つ挙げる。①規格と検査の整備、②受渡量が十分確保できる、③十分な競争がある、④市場化が進み価格変動の波が大きいとはいえ落ち着いている。

そのうえで、こう指摘する。

「ジャポニカ米の先物の上場復活は、リスク回避の体系を打ち立て、現物取引の分野の安定した発展に役立つ。また一方で、コメの買い付け制度を市場化する改革に役立ち、農家の安定した増収を促し、国家の食糧の安全を確保する」

コメの買い付け制度とは、コメが供給過剰に陥ると、政府が決めた最低買い付け価格で買い取る価格支持政策のことだ。日本にかつてあった食糧管理制度のようなもので、中国政府は財政負担の増加から、制度を見直し、市場に価格決定を委ねたいと考えている。環境の変化により、コメ先物の復活が投資家だけでなく政府の側からも望まれるようになったわけだ。

中国政府は、コメの現物取引と先物取引を車の両輪のように支えあう存在だと位置づけてきた。現物と先物は、価格形成やリスク回避の面で補完しあうからだ。この考え方は農水省も参考にすべきだけれども、残念ながら日本では、現物か先物かのどちらかに偏った不均衡な状態が続いている。

日本の試験上場を尻目に本上場した中国

コメの先物はまず2014年、河南省の鄭州商品取引所で上場される。ここは中国を代表する先物取引所の一つだ。投資家にとっては、待ち望んだ主食の先物復活のはずだった。けれども、取引は低調だった。

というのも、中国でジャポニカ米の生産の中心と言えば、筆頭が東北三省（黒竜江省、吉林省、遼寧省）、次いで東部沿岸に位置する江蘇省だ。東北三省の生産量は、2019年産で全国の56・6％にもなり、江蘇省は25・6％である（以下いずれも「ジャポニカ米先物取引指南」）。江蘇省のコメが上海や浙江省をはじめとする近隣地域に主に流通するのに対し、東北米は全土に広く流通する。

一方の河南省は、ジャポニカ米の大産地から遠い。河南省を含む華北黄淮《こうわい》地域の生産量はわずかに3・5％だ。そのため、上場のインパクトは弱かった。

そんな状況をガラッと変えたのが、2019年8月の大連商品取引所での上場だった。遼寧省南部に位置する大連は、ジャポニカ米の一大産地である東北の交易のかなめだ。消費量を見ても、東北三省と内モンゴルで中国全土の22・8％を占め、決して少なくない。

当時はくしくも、堂島取引所のコメ先物が、ＪＡグループや自民党内の反対もあって、4度目の試験上場延長を余儀なくされたタイミングだった。それだけに、日本でも大連の上場に注目が集まった。当時、日本のコメ業界には「新潟県産コシヒカリの値段が中国で決まるなんてことになるんじゃないか」と心配する声もあった。

コロナ禍で取引が急拡大

大連のコメ先物は、出だしの8月こそ220万トンという取引量があった。ところが、ご祝儀がわりの取引に過ぎなかったのか、取引量はすぐに低迷する。鄭州の二の舞になるのだろうかと考えていたら、思わぬことから取引量が爆発的に増えた。

2020年2月に前月比600％超、140万トンという取引量に突如跳ね上がったのだ。理由はほかでもない、新型コロナの流行だ。コロナ禍により一部の国がコメ輸出の規制に動くという情報が流れ、買い注文が増えた。同年3月の取引量は約130万トン、4月は220万トンとなる。2019年8月の、上場を記念した瞬間最大風速と思われた水準に戻ったのだ。

コロナ禍で、リスクヘッジに先物が使えるということ、そして投機対象としてのコメ先物の魅力が認識された。2020年4月の成約額は、77億元だった。これは当時のレートで約1160億円になる。それから2年以上が経っても、取扱量は依然として高く、たとえば2022年6月の取引量は250万トン、成約額は83億元（約1650億円）だ。

先物取引の拡大を国策として推進

農産物の先物取引拡大は、中国では国策として進められている。大連商品取引所はブタ、トウモロコシ、ダイズ、大豆かす、大豆油、パーム油、卵などの先物を取引している。

中国では農業の市場化が進むにつれ、現物市場の価格変動が農家にとって大きなリスクになってきた。そこで、金融事業者が農業のリスク分散に資する新たな方法を模索すべきだということになる。2014年、大連商品取引所は黒竜江省といった大産地で、トウモロコシやダイズの先物取引を試し、高い効果を得た。

そうではあるが、正式に上場するには問題があった。農家に金融の専門的な基礎知識がないため、先物取引を広めるのに時間がかかるうえ、難度が高かったのだ。

難解な先物を保険と融合

そこで生まれたのが、保険と先物を組み合わせる「保険＋先物」だった。そのしくみは、保険会社が農家と先物市場の仲立ちをし、これまで農家が負ってきたリスクを保険会社と先物市場に肩代わりさせるというものだ。

具体的には、保険会社が農家に収入保険を販売する。そして、先物の取引業者と直接取引をして、収入保険の販売で保険会社が負ったリスクを保障してもらう「再保険」をかける。こうして、相場の値下がりの危険性は、まず農家から保険会社に付け替えられ、さらに保険会社から先物市場に付け替えられる。

習近平政権が最も重視してきたと言っていい政策が「扶貧」「脱貧」（貧困削減の意）だ。「保険＋先物」はこれに通じる。そのため、2016年から大連、鄭州、上海という三大取引所へ次々と広がっていった。大連のコメ先物も、まさにこの「保険＋先物」の一環として産声を上げた。

国家という強力な後ろ盾を持つ大連のコメの先物取引は、今後拡大こそすれ、低迷は考えにくい。そうなると、ジャポニカ米の国際的な価格決定権を中国が握る可能性は高い。

農家を先物市場に引き込むために、保険業者と連携したのは興味深く、これは日本でも参考になりそうだ。堂島取引所の取引が低調だった理由に、参加する農家の少なさがあった。ＪＡグループが乗り気でないことも障壁だったには違いない。が、ＪＡの協力を得られたとしても、先物のしくみを学んで参加しようと思う意識の高い農家は、どれほどいるだろうか。

日本だと、説明会で丁寧に解説すれば、先物を理解できる農家もそれなりにいる。それに対して中国は特に農村部の教育水準が低いので、先物取引について理解させるのは至難の業だ。それだけに、保険と組み合わせるという発想の転換に至った。農家の手取りを上げるという至上命題を達成するためなら、どんな手段も取れるのが、中国らしい。

ジャポニカ米と知らなかった農水省

中国に学ぶという動きは、残念ながら日本ではついに生まれなかった。日本で中国のコメ先物を分析している組織は、２０２１年６月時点で調べた限り存在しなかった。農水省は、大連商品取引所のホームページの英語版を確認しているが、それ以上の分析はしていないという。加えて、大連で上場したのがジャポニカ米だということすら、把握していない体たらくだった。というのも、英語ページでコメ先物の品目名が「Polished Round-grained Rice（搗精された丸いコメ）」となっているからだ。

そのため、省内では「搗精されたうるち米」つまり、もち米ではないが、ジャポニカ米かどうかよく分からないということで通っているようだ。中国語のページで明白にジャポニカ米と書いているのに、である。上場から2年経っても何のコメか分かっていなかったことからは、国の調査力の程度が窺える。

中国のコメ先物との比較検討がろくにされないまま、コメ先物は消されてしまったのである。

第六章　弄ばれる種子

1　「日本の農業がグローバル企業に乗っ取られる」という大ウソ

主食である稲とムギ、ダイズの種子の安定的な生産と普及を図ることを目的とした「主要農作物種子法（以下、種子法）」が2018年に廃止された。そのこと自体は、日本の農業に大した影響はないと認識していたので、これまで詳しく論じることはなかった。

それなのに、本書で取り上げることを決めた理由は二つある。一つは、2018年に同法が廃止されてから、いまだにそれを疑問視したり同法の復活を望んだりする声がくすぶっているからだ。そうした主張をする中心にいるのは、種苗法の改正に反対した人や組織である。

はっきり言えば、彼らの言い分は、いずれも誤解に基づいている。おそらくは、同法の条項に目を通すという基本的なことすらしていないのではないだろうか。それでも、大衆を動かす力を持ち、農政に一定程度の影響力を持っている。だから、いま一度、反対派が主張する真偽を確かめる必要があると考えたわけである。

もう一つの理由は、次のようなことだ。反対派の多くは、種子法が廃止されると、日本の種子市場にグローバル企業が参入することを懸念した。グローバル企業に日本の種子産業を牛耳られてしまい、その結果として、公的機関が提供している現在よりも、農家は高額な種子を買わざるを得ない状況に追い込まれるというわけだ。ただ、種子法の廃止をきっかけに参入したグローバル企業は皆無であり、おそらくは今後もさしたる動きはないだろう。

この事実だけで反対派の主張の一端が崩れてしまうわけだが、それはさておき、国内外問わず民間企業の参入が活発でないことは、むしろ日本の農業にとって残念、もっといえば憂慮すべき事態だと考えている。反対派からは「なにを寝ぼけたことを言っているんだ」と批難されそうだ。この点については追って説明したい。

食糧の増産を目的に誕生

まずは、種子法の概要と廃止に至るまでの経緯を押さえよう。

同法が施行されたのは1952年。目的は、戦後の重要課題だった食糧不足の解消にあった。食糧のもとになるのは、何といっても種子である。優れた種子が手に入るかど

種子法の概要

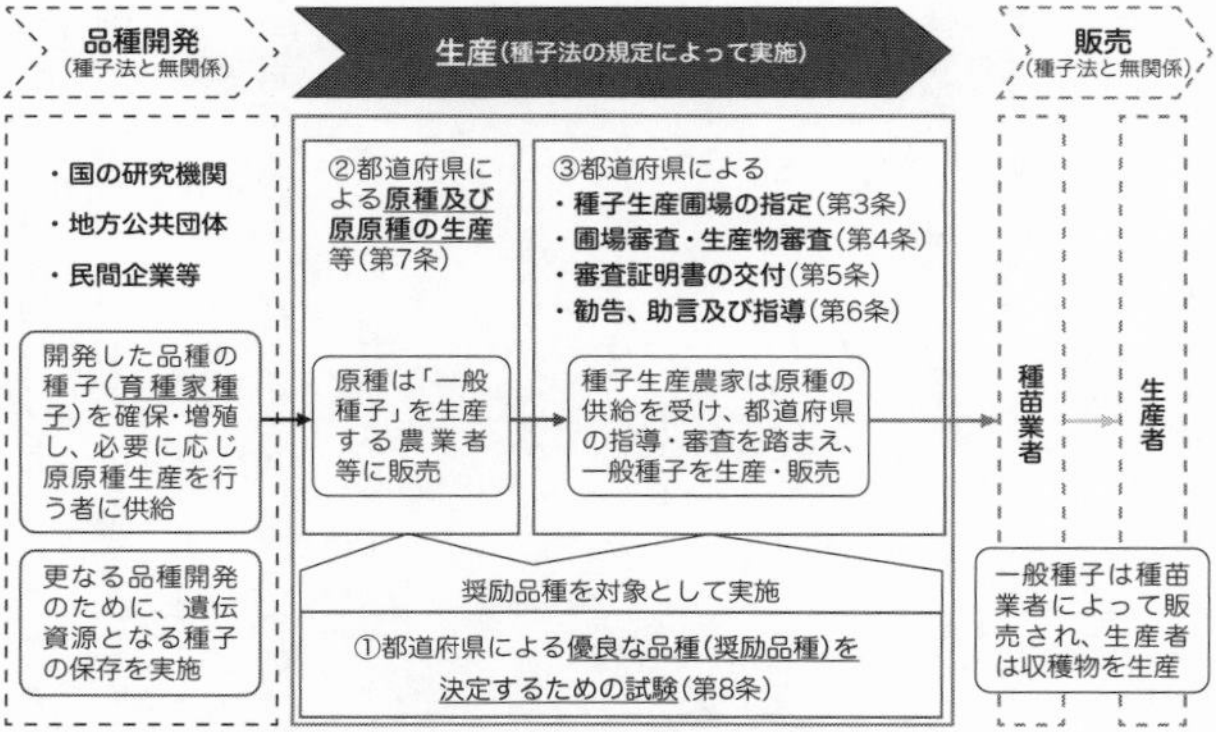
品種開発
(種子法と無関係)
生産(種子法の規定によって実施)
販売
(種子法と無関係)
・国の研究機関
・地方公共団体
・民間企業等
開発した品種の種子(育種家種子)を確保・増殖し、必要に応じ原原種生産を行う者に供給
更なる品種開発のために、遺伝資源となる種子の保存を実施
②都道府県による原種及び原原種の生産等(第7条)
原種は「一般種子」を生産する農業者等に販売
③都道府県による
・種子生産圃場の指定(第3条)
・圃場審査・生産物審査(第4条)
・審査証明書の交付(第5条)
・勧告、助言及び指導(第6条)
種子生産農家は原種の供給を受け、都道府県の指導・審査を踏まえ、一般種子を生産・販売
奨励品種を対象として実施
①都道府県による優良な品種(奨励品種)を決定するための試験(第8条)
種苗業者
生産者
一般種子は種苗業者によって販売され、生産者は収穫物を生産

出典：農水省「主要農作物種子法(平成30年4月1日廃止)の概要」

うかで、作柄に差が生じる。だから同法は、主食であるコメやムギ、ダイズなどについて公的機関が責任をもって優れた種子を作り、農家に行きわたらせる仕組みを整えることを目指した。

同法が規定するのは、わずか8条に過ぎない。その概要は上の図のとおりだ。戦後、穀物の品種開発は国と都道府県の研究機関が中心になって担ってきた。これらの研究機関が開発した品種の種子をもとに、都道府県が責任を持って、その品種を維持や増殖するための「原原種」を生産している。

さらに都道府県は、この「原原種」をもとに、種子を取るためにまく「原種」を栽培する。そして、この「原種」をもとに

JAなど農業団体が「一般種子」を作り、これを農家に届ける。こうした流れがあるからこそ、農家は優れた種子を手にできるのだ。農家が優良な種子で穀物を生産できるからこそ、我々は食糧を安定して手に入れられることも強調したい。

あえて細かい説明までしたのは、「原原種」→「原種」→「一般種子」という仕組みが種子法が誕生するまでは整っていなかったことを伝えたいためである。当時は、農家が「一般種子」で生産した稲やムギ、ダイズから自ら種どりをして、次の作付けに使うことが横行していた。それを繰り返せば、病害虫への抵抗性や多収性といった品種が持つ当初の形質は失われていってしまう。結果として、収量や品質が下がっていく。そうした事態を避けるため、公的機関が優良な種子の生産と普及を請け負うことにしたのである。

食糧不足はとっくに解消された

では、なぜ2018年に種子法は廃止されたのか。理由は二つある。

一つは、種子法が食糧不足の解消という役割を終えたためだ。法が制定されてから60年以上が経ち、優れた種子を安定的に生産、普及する体制は全国で整った。そのおかげで1960年代も半ばになると、コメは余るようになる。それを象徴するのは、第三章で詳述した生産調整（減反政策）だ。1970年に始まった減反政策とは一言でいえば、コメの作付けを抑えるための政策である。生産調整が減反政策と呼びならわされてきたのは、作付けする面積を減らすためにしか政策が働かなかったためである。

人口の減少とともにコメ余りは加速しており、近年は年間の消費量が10万トンを超える勢いで減っている。国は需給を調整するため、コメから別の作物への転作を促そうと、年間3000億円以上の予算を措置しているのだ。

需要を無視した都道府県による品種開発

もう一つの理由は、都道府県による品種の開発が特定の「おいしさ」を追求することに偏り、それ以外の需要に応えられていないことにある。これは、全国で普及している品種を見渡せば一目瞭然だ。1956年に誕生した「コシヒカリ」かその血筋を引く品種ばかりが幅を利かせている。いずれも粒が丸くて短く、炊けばもっちりとした食感なのが特徴である。

だが、世界のコメはもっと多様なものだ。形状一つをとっても、日本で一般的な短粒米以外に、それよりも長くて大きい中粒米や長細い長粒米がある。栽培されている地域と食感は、中粒米がアジアの熱帯高地やアメリカやブラジル、イタリア、スペインなどで、料理としてはリゾットやサラダなどに用いられる。長粒米は中国の中南部や東南アジア、アメリカ南部などで栽培されている。炊くとパサパサとしていて、ピラフやカレーなどに合う。

余談になるが、日本では1993年に長粒米が話題になった。この年に大冷害が発生した影響で、タイから緊急輸入した長粒米が食卓に出回ることになったのだ。

ただ、パサパサした食感と独特の香りを持つことから、和食には合わなかった。おまけに一部で適切な保管がなされず、品質を損なったコメが流れた。このため、ある世代以上の人には「長粒米は美味しくない」という評価が定着してしまったようだ。これは、長粒米と日本人の不幸な出会いだったといえる。

その長粒米が世界のコメの消費量に占める割合は80％に上る。一方、短粒米は20％に満たず、そのほとんどは日本を含むアジアである。

日本では「コシヒカリ」と異なる特徴を持つ品種が、これまでほとんど開発も普及もされてこなかった。いずれの県も、「丸粒で短く、炊けばもっちりとした食感」があるコメを、おいしさの絶対的な基準としてきた。

ただ、中食や外食を中心に諸外国の料理が浸透するに従い、形状でいえば長粒米や中粒米を食べる機会も増えてきた。残念なことに、そのほとんどは海外産である。理由はこれまで述べたとおりだ。

種子法の廃止はこうした経緯を踏まえ、民間の力を呼び込むことで、より需要に合わせた品種の開発と普及を進めることをもう一つの目的としてうたっていた。

反対派の主張の誤り

では、冒頭で触れたように、なぜ種子法の廃止に反対する意見が出たのか。次に代表的な反対意見を箇条書きするとともに、それらが誤りであることの説明を付記していく。
(1) グローバル企業に種子を支配されて、種子の価格が高額になる。
↓そもそも種子法は国内外問わず民間企業の参入を規制する法律ではなく、同法の廃止以前からそうした規制は存在しない。
(2) グローバル企業の参入で遺伝子組み換え作物が流入する。
↓遺伝子組み換え作物について規制しているのは種子法ではなく、食品衛生法や飼料安全法など別の法律である。

（3）種子法がなくなると、それを根拠法にしていた公的機関による品種の開発がなされなくなる。

→182ページで紹介した図表のとおり、そもそも種子法は品種の開発を対象にしていない。品種の開発の財源は地方交付税交付金に組み込まれていて、今後もそれを財源に公的機関による品種の開発は継続できる。

誤解や憶測の議論を広める東大教授

いまでも種子法の廃止を巡る議論が終わらないでいるのは、有識者が以上の誤解を正さぬまま、廃止を疑問視したり復活を主張したりしているからである。

その一人は、東京大学大学院農学生命科学研究科の教授である鈴木宣弘氏だ。鈴木氏は、その著書『農業消滅　農政の失敗がまねく国家存亡の危機』（平凡社新書）のなかで、本章で取り上げている問題を「亡国の種子法廃止」と批判。その理由として、コメの種子の供給を民間に任せた場合、農家が購入する種子代が高額になると説明している。

その具体的な事例として取り上げているのが、三井化学アグロ株式会社が開発した品種「みつひかり」だ。同書で、種子の販売価格（20キログラム当たり）は、北海道の「きらら397」が7100円、青森県の「まっしぐら」が8100円であると紹介。一方、「みつひかり」は8万円と記している。つまり種子法の廃止によって民間による品種の開発や普及が進めば、農家は公的機関が普及してきた種子よりも10倍ほど高額な種子を買う事態に追い込まれる、と言いたいようだ。

わざわざ特定の企業名を挙げてまで種子代が高額になることの問題を取り上げているが、あいにく肝心な点が抜けている。「みつひかり」が多収性を持っていることだ。10アール当たりのその収量は720〜780キログラム。一般的な品種の平均は480〜540キログラムなので、「みつひかり」のほうが4〜5割多い。農家にとっては収量が多くなれば、それだけコメの販売代金も増える。そうなれば余計にかかった種子代を補えるどころか、むしろ儲けられる。農家が「みつひかり」を栽培する理由はそこにある。

当たり前だが、農業経営にとって大事なのは、投下資本よりも収益性である。ただ、こうした事実を差し置き、誤解や憶測の議論が放置されているところに、種子法を巡る混乱の一端がある。しかも、その論陣を張っている面々に日本最高学府の学者だけでなく、第一章で紹介した種苗法改正に反対する元農相やＪＡの組合長らが加わっているから厄介である。

それにしても不思議なのは、そこに鈴木氏が混ざっていることである。東京大学の学者であれば、種子法廃止や種苗法改正に反対する論拠が乏しいことは理解しているはずだ。それなのに反対派に与して種子にこだわりを見せるのは、よほどの事情があるに違いない。

民間企業の参入はせいぜいコメだけ

では、種子法が廃止されてから、狙いとした民間企業の参入はどうなっているのか。

農水省は、都道府県に種子に関して民間との知見の交換があるかどうかを調査している。取材した２０２２年6月末までで「ある」と回答したのは42都道府県、件数は４２０件だった。既述の通り、種子法そのものは民間による品種の開発を規制するものではないものの、「廃止されたことで、民間を巻き込んだ開発と普及のムーブメントが生まれているようだ」（穀物課）。

一つ断っておくと、この「ムーブメント」は、おそらくはほとんどコメに限ったことと言えるだろう。全国における作付面積は、コメが約140万ヘクタールなのに対し、ムギとダイズはそれぞれ約28万ヘクタールと約15万ヘクタール（いずれも2021年産）で、ともに少ない。民間企業が数十ヘクタールの規模に普及するとなると、研究開発費の元を取るのは大変である。

そう言えるのは、農水省系の研究機関である農研機構で小麦の開発に携わっている研究者から次のような話を聞いたからだ。この研究グループでは、研究者の人件費は1人当たり平均して年間1000万円ほど。所属する育種グループの在籍者は3人なので、計3000万円になる。ほかに研究開発費として年間2000万円程度を要するので、合わせれば年間5000万円に及ぶ。

もちろん育種の研究を始めたからといってすぐに新しい品種が出来上がるわけではなく、通常の育種技術であれば10年程度はかかる。仮に10年とすれば、一つの品種を生み出すのにかかる費用は5億円だ。

さらに先ほど紹介したように、開発した品種の原原種から原種を生産することは都道府県が担っていて、そのための作業や費用は関連団体の職員や税金でまかなわれている。作業というのは、たとえば種採りをするために用意した農地の管理だ。外からの花粉の飛び込みや突然変異で異型が生じるので、こまめに観察しながら、そうした株を発見したらすぐに抜き取らなくてはいけない。

民間企業が種子の開発から普及まで手がければ、そうした農地の管理にかかる費用も種子代に上乗せすることになる。以上の理由から、民間企業の種子は公的機関と比べて高額になるのは目に見えている以上、先ほど取り上げた「みつひかり」のように収量や品質、あるいは病害虫や気候への耐性で相応の優位性を示せなければ、売れるはずもない。

この研究者が欧米の種苗会社に聞いたところ、一つの品種を普及して利潤を生むのに必要な面積は10万ヘクタール以上だった。先ほど記述したように、ムギとダイズはあらゆる品種を含めても全国で栽培している面積はせいぜい約28万ヘクタールと約15万ヘクタールである。「10万ヘクタール以上」が事実なら、そもそも日本ではムギやダイズの育種で民間企業が入り込む余地は限定的と見るのが妥当だ。

日本の穀物市場の価値を落とした農政

ところで一部の有識者が懸念したように、種子法の廃止によってグローバル企業が参入することはあったのだろうか。その答えは、ここまで読まれた方の想像するとおりである。先ほど紹介した農水省の調査では「ゼロ」（農水省はこの調査を今後も実施する予定）。この結果が意味するのは、日本のコメを含めた穀物市場がグローバル企業にとって魅力がないということだろう。

それは農業総産出額に表れている。最盛期だった1984年に11・7兆円だったのが2020年には8・9兆円にまで落ち込んだ。2・8兆円の減少である。

この間に品目別の内訳がどう推移したのかを見ると、畜産は3・3兆円弱から3・2兆円、野菜は2・0兆円から2・2兆円、果実は0・9兆円から0・9兆円弱である。畜産が525億円減らしているものの、コメと比べるとかわいいものだ。コメは3・9兆円から1・6兆円となり、2・3兆円の減少となっている。つまり農業総産出額の減少額の約8割はコメが占めているのだ。

コメがこれだけ減った要因は、農政がその産業化を阻んできたことにある。象徴的なのは、やはり減反だ。市場を無視して需給の調整をすることで、高額な米価を維持して、経営体力がない兼業農家が農業をやめることを遅らせてきた。兼業農家は政治家にとって票田になるからである。その結果、意欲がある農家に農地が集まらなかった。前章で追及したように、ＪＡや政治家が先物市場の本上場をつぶしたことも同じ文脈で捉えてもらって間違いではない。

国内の需要を超えてコメを作る余力があるなら、輸出するのが農政としてあるべき姿だが、実際には減反を強化することに執着した。多くの兼業農家は、年金や給与などの農外収入に依存している。共通するのは、農業に関して新しいことをする意欲を持たず、周囲のやり方に倣うということだ。このため民間企業の種子を使えば高収量を上げて収益性が高まる可能性があるとしても、公的機関が開発してお墨付きを与えた種子を無条件に採用する。

おまけに多くの都道府県では、普及する品種を決めるのに関係機関の複雑な利権と思惑が絡み合っている。民間が開発した品種がいかに優れていても、その実力を都道府県が認めて普及するかは別の話である。このことは後ほど説明する。

これではコメは産業化されないし、国内外の企業が参入する気にならないのは当然である。先ほどの農水省の調査によれば、国内の民間企業が都道府県から種子に関する知見を得るようになったとはいうものの、このような理由から大きな動きにはつながっていかないと考える。

種子法の廃止に反対してきた人たちの主張は杞憂に過ぎない。日本の主食が抱える問題は、まったく異なる点で、彼らが思うよりも深刻である。

2 「奨励品種」という排除の論理

種子法に関して、民間企業の穀物種子の開発を阻むもう一つの問題を提起したい。それは、同法とともに誕生した「奨励品種」という仕組みである。これが、種子法が廃止されたいまも都道府県ごとの独自運営で残存し、民間企業にとっては実質的な参入障壁となっている。まずは奨励品種について解説していくが、都道府県によっては「優良品種」という呼び方をするものの、ここでは「奨励品種」で統一することをあらかじめ断っておく。

その奨励品種は、都道府県が自らの行政区域で普及すべきだと認めた品種を指す。基本的には穀物の品種が対象になるが、一部の県では根菜類や果樹、飼料作物も含めている。都道府県は奨励品種を決めるために、ＪＡをはじめとする農業団体とともに審査会を必要に応じて開いている。その場で一度認定した品種であっても、年月が経過するなかで別の品種に押されて栽培面積がわずかになったら、認定から外す。

既述のとおり、奨励品種として認定した品種については、都道府県が予算を設けて、責任を持って原原種と原種を生産する。だからこそ、農家は穀物の種子を実際よりも安価で購入できるわけである。

問題なのは、この予算措置に加えて、多くの都道府県は原則的に自分たち、あるいは農水省系の研究機関である農研機構が開発した品種以外を奨励品種として認めないことだ。

予算措置が民間企業にとって参入障壁になることは、すでにみたとおり。都道府県の奨励品種は、概して数千万円という年間予算があるからこそ、農家に販売する種子代を安く抑えることができる。これにより、民間企業よりも競争上優位に立てる。

さらに、都道府県の多くは、民間企業が開発した品種を奨励品種に入れようとしないために、民間企業は自らが開発した品種の原原種や原種を自費で生産するしかない。

穀物の育種を少しでもしたことがある複数の関係者への取材や筆者（窪田）のこれまでの取材の積み重ねから判断する限り、都道府県の多くが民間企業が開発した種子を奨励品種に入れようとしないのは、一言でいえば縄張り争いが理由である。自県で普及するのは自県で開発した品種ほど良いという奇妙な自信や自尊心と、それらに基づく民間企業が開発した品種への不当な反発がそこにはある。そこには、生産現場や需要の動向と、そのために必要な品種を見極める透徹した眼はない。

行政機関が意地を張ることで困るのは農家である。少なくとも稲についていえば、都道府県は食味を重視した品種開発をしてきたのは既述のとおりだ。

ただ、第三章で述べたように、大量離農によって、残る農家が経営規模を拡大するなかで必要としている品種の特徴は食味だけにとどまらない。たとえば、作業の分散や省力化のため、苗を植えるのではなく、種子をそのまま田んぼにまいて稲を育てる「直播」という栽培法に向く品種を求める声が高まっている。直播は通常の移植と比べて、根の張りが浅いために生育の途中で倒れやすく、それが減収につながる。だから、倒れにくい特性を持った品種が重要になる。

その特徴を持つ直播用の品種を開発したのが、第四章と第八章にも登場する株式会社アグリシーズ社長の山根精一郎さんらだ。山根さんは日本モンサント株式会社の社長時代に、農研機構が育成した「どんとこい」と、福井県が育成した「コシヒカリ」をかけ合わせて、「とねのめぐみ」という品種を開発。2005年に品種の登録を済ませた。日本モンサントだからといって遺伝子組み換え作物ではなく、日本で一般的な固定種である。

開発した動機はまさに省力化である。山根さんはその経緯をこう振り返る。「当時からすでに、稲作は規模拡大を考えないといけない時代に入っていました。稲作は、ほかの作物と比べて、単位面積当たりの利益が最も悪かった。この問題を解決するには、なんとしても省力化が必要。それには、直播で、それ専用の品種を普及しないといけないという結論に至ったんです」

こうして誕生した「とねのめぐみ」の育成者権は日本モンサントが所有していた。ただ、同社が2018年に製薬大手のバイエルに買収されたのを機に、茨城県稲敷郡河内町にある第三セクターの株式会社ふるさとかわちに譲渡されている。山根さんはいまもその普及に関わるなかで問題に感じているのは、県が育成し、種子生産した品種との種子代の違いだ。

「県が育成した品種は種子代が1キログラム当たり400円とか500円です。一方、とねのめぐみはその倍以上の1000円。といって、利益が出ているわけではない。民間の場合には人件費や農地の固定資産税などがかかるので、利益の幅は少ないです。しかし県が生産する場合、人件費などは別に支払われるため、種子価格が安くなっています」

公的機関が開発した種子と価格差が大きく生じることは、農家が民間企業の種子を購入する障壁になっているという。たとえば、全国で最も普及している「コシヒカリ」と10アール当たりの収量を比べると、多収性がある「とねのめぐみ」は1俵ほど多く取れる。農家が1俵のコメを売れば、平年なら1万数千円が入る。ここでは、控え目に1万1000円としておこう。

一般的に直播の場合、10アール当たりに必要な種子の量は3・5キログラム。その費用は、「とねのめぐみ」が3500円、「コシヒカリ」が仮に1キログラム400円で計算すると1400円になる。つまり、「とねのめぐみ」は、種子代で2100円が余計にかかる。一方で、1俵ほど多く取れる。収支でいえば、1俵を増加した分の1万1000円から種子代が増加した分の2100円を引いた8900円が儲かることになる。

もちろん、これは10アールの計算で、その10倍の1ヘクタールであれば8万9000円、10ヘクタールなら89万円にまで膨らむ。だが、不思議かもしれないが、多くの農家はそうは見ないのだ。

「収支から判断して、得になると分かってくれる農家は一部。ほとんどの農家は1400円で買えるものを、なぜ3500円出さないといけないんだと。種子代しか見ていないわけです」

山根さんが嘆息するこうした事態を生み出してきた要因は、零細な農家の退出を阻止している保護農政そのものにある。とはいえ、第三章で見た通り、高齢を理由に零細な農家は一斉に離農している。地方行政にとっての課題は、残る農家が経営体力をつけるよう支援することであるのに、自らは相も変わらず食味重視の品種開発に終始する一方、民間企業に参入障壁を設けて多様な品種が生まれることを阻害しているのだ。

第七章　農業政策のブーム「園芸振興」の落とし穴

1　コメを敵視してきた秋田県知事の変節

「コメはもう極限まで減らす」

「園芸振興なんて甘い罠だよ」。秋田県の複数の農家が、自県の農政についてこう口をそろえる。

彼らが批判する対象は、秋田県が2014年から展開している「メガ団地等大規模園芸拠点育成事業」である。2022年度に「夢ある園芸産地創造事業」へと名称を変更したが、「園芸メガ団地事業」のほうが世間に知られているので、旧名のままで話を進めたい。

事業名にある「園芸」とは、野菜や果樹、花き類の栽培やその技術のこと。同事業は、これまでの稲作偏重から脱却して、代わりに園芸の振興を図る産地や農業経営体を支援することを目的としている。県内の農家たちが批判する理由は追って詳述するとして、まずは同事業の背景と概要を押さえていこう。

同事業は当初、1億円の販売額を築く「メガ団地」を育成することを目的にした産地を対象に、機械や施設の整備にかかる費用のうち県が半分、地元の市町村が4分の1を補助してきた。ただ、販売額の目標が大きいために取り組み事例があまり出てこなかったのか、その後は「メガ団地」の意味を拡大解釈し、一つの団地当たりの販売額を引き下げた「ネットワークタイプ」と「サテライトタイプ」も支援の対象に加えた。2022年3月末時点で50の「メガ団地」が生まれている。

秋田県で「メガ団地等大規模園芸拠点育成事業」ができた背景には、2009年から現職にある佐竹敬久知事のコメに対する強い嫌悪感がある。たとえばそれは2014年5月12日の知事記者会見での発言にあらわれている。記者クラブの幹事社から「人口減少問題」について問われた際、コメとの関係で次のような回答をしている。

「もっとも土地生産性の少ないコメを中心にしてきたことが人口減少の一つの大きな要因」

「秋田の農業を維持していくとすると、コメはもう極限まで減らすという決断すら必要になる」

同じ年に開かれた別の記者会見では、こんな持論も展開している。「最も雇用力がないコメづくりを中心にずっとやってきた。コメがいまの半分で、残りが野菜だったら、こんなに人口は減らなかった」

佐竹知事によるこれらの発言は、コメの関係者にしてみればばっちりもいいところである。

たしかに秋田県では人口減少が深刻だ。人口減少率は2021年まで9年連続して最も高い県となり、2017年には100万人を切った。これは、県知事にとってみれば不名誉な記録だろう。

ただ、その要因がコメにあるというのは無理がある。2022年時点における秋田県の基幹的農業従事者数はざっと3万3700人。このうちコメを作っている人数について、あいにく正確な数字はない。仮にこの3万3700人のすべてがコメを作っていたとしても、同県の全人口である約93万人と比べれば30分の1の人数に過ぎない。また、コメの年間産出額は1078億円（2022年度）であり、全産業から見ればごく一部である。これでは、コメが同県の人口減少に影響を与えるとはとても言えない。

それなのに、佐竹知事がコメに対して嫌悪感をにじませたような発言を繰り返してきたのは、この年に自らの肝いりで始めた「メガ団地等大規模園芸拠点育成事業」を盛り上げる政治的意図からである。コメを悪者にすることで、園芸振興への転換こそ正義であると言いたいわけだ。

人口減少とコメとの因果関係を問題視したのは、全国でも佐竹知事くらいだろう。ただ、それとは関係なくとも、コメの主産県はいま、その消費減と価格低迷のあおりを受け、秋田県のように多額の補助金を設けて園芸作物に誘導しているのは確かだ。産地や農業経営体は、藁をもつかむ気持ちでそれに手を伸ばす。とくに新型コロナの影響で外食向けの需要が減り、コメが余っているなかではなおさらだ。

とはいえ、冒頭で紹介した農家たちが「甘い罠」と指摘するように、園芸振興はたやすくはない。後ほど述べるように、政策的に保護されている稲やムギ、ダイズを作る水田農業経営とは違う発想や環境への適応力が求められるからだ。

本章では、園芸振興が困難である理由とともに、その成否の分かれ目を解き明かしたい。それによって、安易な園芸振興への流れを食い止めるとともに、それでも新たに野菜や果物、花きを作る産地へのヒントを提示するつもりだ。そのための事例として取り上げるのは、秋田県の「メガ団地等大規模園芸拠点育成事業」に採択された二つの産地である。明暗を分けた両産地のこれまでをたどれば、園芸で失敗しないためのヒントが自ずと見えてくるはずだ。

「白神ねぎ」10億円プロジェクト

秋田県の北部に位置する能代市。2018年の年の瀬が迫ったころ、同地を拠点にするJAあきた白神（能代市）の本店能代営農センターに向かって車で走っていると、田の中に畑が比較的多く点在しているのが目についた。寒風が吹く中、ところどころで農家が収穫をしているのはネギ。転作作物の栽培面積としては700ヘクタールのダイズに次いで多い100ヘクタールある。

JAが関係機関と連携し、普及してきたこの白ネギは「白神ねぎ」というブランドで販売している。主な出荷先は関東圏。能代市の人たちによると、「いい値段なので、地元では入手しにくい」そうだ。

本店能代営農センターで取材したのは、営農企画課の佐藤和芳課長（当時。現営農部長）。いくつかの資料を見せてもらう中、興味深かったのは、JAがまとめた「白神ねぎ」の販売実績の推移に関する統計資料である。これを見ると、このブランドがいかに急成長してきたかが分かる。ここでは1996年と2017年の数字を比較しよう。まず生産面積は36ヘクタールから130ヘクタール（畑地も含む）と3・6倍になった。続いて販売金額。こちらは1億4700万円から13億2100万円と9倍になった。ここで気になるのは、生産面積の倍以上の勢いで販売金額が伸びているのはなぜか、ということだ。

答えは出荷数量と単価にある。同期間におけるそれぞれの推移を見ると、出荷数量は710トンから3728トン、1キログラム当たりの単価は208円から354円と増えている。いずれも生産面積よりも急激な勢いで伸びているのだ。

そうなると知りたいのは、なぜそんなことができたのか、ということ。答えは、一つのプロジェクトにある。それは同JAが2013年度に県山本地域振興局や能代市、藤里町、JAねぎ部会と着手した「白神ねぎ」の「10億円販売達成プロジェクト」だ。名前のとおり、2012年度に8億円だった販売額を10億円にするというものだ。

目標達成を果たす三つの柱

その柱は作付面積と販売単価、反収の増加という三つ。これらを実現するために何をしたのか。

まず作付面積について。JAは2013年度、前年度からの増反分について10アール当たり2万円の助成金を用意。能代市も連動し、同5万円を払うことにした。

品質については、部会員による抜き打ち検査を実施している。すべてのネギは、農家が個別に選別した分を集荷して、共同で出荷と販売をする「個選共販」である。ただ、農家が個別に選別する分だけ、品質が不均一になりがちで、市場での評価を落としていた。それを防ぐために導入した抜き打ち検査では、初めてひっかかったら口頭で注意する。2度目は別枠での出荷、3度目は出荷停止と厳しい。ただ、これで市場での評価が上がったことは、先ほど紹介した単価の上昇が示す通りだ。

加えて新たな作型として「越冬早取り」を開発した。JAが市場調査をしたところ、7月中旬から8月上旬にかけては端境期となることが判明。そこでこの時期に出荷できる技術をつくり出したのだ。これについては後述する。

反収については営農指導の強化がある。10アール当たりの出荷量が500ケースに満たない農家をリスト化し、集中的に回って改善点を注意した。さらに病害虫の発生や市況など営農に関する情報を的確に収集してもらうため、配信方法をファクスからメールマガジンに変更した。佐藤課長はこう語る。

「というのも、ファクスの場合だと、農作業を終えてから自宅で確認することが多い。これだとせっかく市況が上向いていたのに、収穫量を増やすといった対処が取れないまま一日を終えてしまう。あるいはファクスの用紙が切れていることに気づかず、情報が届かない事態が続くなんてこともあったんです」

関係機関との強固な連携

こうした努力が功を奏し、2015年度には念願の販売額10億円を達成。その後も順調で、20年度には過去最高の17億7500万円を達成した。

三つの柱が確実に遂行できた背景には、関係機関との強固な連携がある。このうち能代市が農業の振興にかける思いは並みではない。その証拠に、市町村では極めて珍しく農業の研究機関である「農業技術センター」を持ち、JAと連携して市の農業のためにさまざまな研究課題に取り組んでいる。

10億円プロジェクトに参画した同センターが挙げた実績の一つに、「越冬早取り」という作型をつくったことがある。以前であれば、JA管内でネギが取れる作型は春と夏、秋冬という三つの期間だった。販売単価の底上げとブランド化を狙っていたJAが市場調査をしたところ、7月中旬から8月上旬は全国的に端境期になっていることを発見。そこでなんとかこの時期にも出荷できるようにしようと、同センターと一緒になって品種の選定や種まきの時期などを検討して生み出したのが先の作型である。具体的には10月に種をまき、雪解けを待って4月に定植する。

ただ、これには課題があった。10月に種をまいてから4月に定植するまで、苗をどうやって越冬させるのかということ。厳冬期を迎える秋田県北部で苗の生育を安定させるには相当規模の育苗施設が必要だった。そこでJAがハウスを持って、農家に代わってそこで育苗することにした。90坪のハウス2棟を建て、3ヘクタール分の苗を供給できるようにしたのだ。農家にとっては稲刈りや秋冬取りのネギの収穫に専念できるのも良かった。

園芸メガ団地事業を活用

2013年度に9億2000万円を達成し、販売額10億円が目前になった翌2014年度。このときにJAは、県が始めたばかりの「園芸メガ団地事業」を活用することに

能代市の園芸メガ団地で圃場の地下水位を確認する佐藤和芳課長

して、作業舎や格納庫、パイプハウス、トラクターなどをそろえた。そして「園芸メガ団地」として選んだのは、基盤整備を終えたばかりの1筆1ヘクタールの農地が広がっている場所。参加者を募集し、結果的に四つの経営体が入ることになった。うち二つは農業法人、残りは認定農業者と新規就農者。

この四つの経営体が一つのエリア内のそれぞれの農地でネギを作ることになった。集荷や選別、調製などの施設も一つの区画にまとめて建てた。

当初は経営を一つにするか、それとも個々にするかで議論があったそうだ。ただ、「結果的にバラバラにしてよかった」と佐藤課長は語る。

「なぜなら互いが競い、高め合うから。四つの経営体のうち一人は篤農家。みんな同じ場所で営農をしているから、たとえば彼がいつ、どんな農薬や肥料をまいているかなどが気になり、真似ようとする。結果、収量も品質も上がってきた」

ネギは能代市の成長産業

ＪＡでの取材を終えた後、農業技術センターに向かった。といってもセンターの取材をするわけではない。同じ建物に入っている、とある部署を訪ねるため。その名も２０１８年４月に誕生した「ねぎ課」。まさしくネギの振興をすることを存在意義としている部署なのだ。

「能代市にとって、あらゆる産業の中でネギほど成長性が高いものはほかにない」

課長の山田英さんはこう言い切る。

「白神ねぎ」ブランド化の軌跡をたどっていくと、いくつかポイントがあることが分かる。一つはＪＡなどが綿密な計画を立てて、着実に遂行していった実行力。そのために関係機関が強く連携してきたことがもう一つ。それから責任の所在がはっきりし、自主自立であること。部会員による抜き打ち検査にしても園芸メガ団地の経営にしてもそうである。この辺りを念頭に置きながら、次の話を読んでもらいたい。

日本最大のコメ産地が挑んだトマトの大規模栽培

秋田県でもう1カ所取材したのは、コメの年間取扱量で全国最多とうたってきたＪＡ秋田おばこ（大仙市）だ。同ＪＡは、ＪＡ全農を通さず直接販売してきたコメの杜撰な収支管理から76億円という巨額の累積赤字が２０１７年に発覚したことで、有名になった。コメの直接販売を始めた当初から10年以上にわたって隠蔽を繰り返してきた結果、農協史上稀に見る巨額な赤字を抱えるに至った。

ただ、今回はその話題ではなくて、園芸施設でのトマトの栽培についてである。同ＪＡは、ＪＡあきた白神と同じく２０１４年度に園芸メガ団地の事業を獲得したものの、コメの直接販売と同じように出だしから大きく躓いた。これまでの経緯をたどると、失敗する理由が見えてくる。

ＪＡ秋田おばこが園芸メガ団地の誘致を決めた場所は大仙市黒土地区。ここもまた基盤整備を終えたばかりで、その一角の6ヘクタールという土地に１０４棟、３・４ヘクタール分のハウスを建てることにした。この面積は国内でも有数の規模を誇る。ただで

大仙市の園芸メガ団地

さえ施設園芸は労働集約的と言われているが、これだけの面積をこなすとなると、相当な労働力を必要とすることを覚えておいてもらいたい。

ここで営農しているのは、上黒土と下黒土アグリの二つ。いずれも以前からあった集落営農を土台にした組織で、構成員は約40戸ずつ。

事業の仕組みは次の通り。事業主体はＪＡ秋田おばこで、園芸メガ団地事業で県から半分、市から４分１の補助を受けて施設や機械を整備。それらを二つの営農組合にリースする。各営農組合はそのリース料に加えて、地権者に地代を支払う。１０４棟のうち、前者が44棟、後者が60棟を管理している。

なぜ数ある園芸作物のなかからトマトを選んだのか。同地区での園芸メガ団地の誕生から経営に携わってきた関係者に尋ねると、「組合の中にすでに作っている農家がいたから」とのこと。その農家の一言でトマトにすることが決まったそうだ。加えて全国的に夏場には高温でトマトが実らず端境期になるが、大仙市では問題なく収穫できると踏んだ。ただし、県内でも有数の豪雪地帯であり、11月からは雪が降り始めるため、収穫期間は8〜10月に限ることにした。短期集中で稼ごうというわけだ。

当初の目標では2017年度の販売額1億円。2015年7月には自民党の二階俊博総務会長（当時）や西川公也農林水産戦略調査会長（当時）らが多数の農水官僚を伴って視察に訪れ、営農組合のメンバーを激励した。翌8月の竣工式はコメ依存からの脱却の旗印として、組合長のほかJA役職員ら50人ほどが参加するなど盛大に行われた。果たしてどうなったか……。

「創業してから毎年赤字です」。2018年の終わりに取材したとき、その関係者はこう打ち明けた。さらに聞いていくと、販売額は目標としていた1億円にはまるで及ばず、6000万円に過ぎない。収支をみれば、1500万〜1000万円の赤字。支出で大きいのは3500万円の人件費。続いて1000万円の肥料代。ほかに土地の賃料と電気代で計1000万円が消えるという。

なぜ販売額が目標の6割にとどまっているのか。主因は収量の低さだ。ではなぜ収量が低いのかといえば、「きちんと働けない人ばかりだからね」。

就業時間は決まっているという。ただ、働き手の多くは高齢者と主婦であるうえ、育児中の人も少なくない。身体や家庭の事情から勤務時間を守れず、遅刻したり早引きしたりするのは日常茶飯事。しかも夏場のハウス内はほかの産地よりましとはいえ暑いことに変わりなく、高齢者でなくとも長時間作業を続けるのは厳しい。これでは実ったところで、満足に収穫量も上げられない。おまけにトマトづくりの唯一の経験者である人物が自分の農業経営に忙しくなり、途中で「メガ団地」の経営からは抜けてしまったそうだ。

短期集中で稼ぐには、単位面積当たりの収量を上げることが絶対条件になる。だが、その前提が崩れてしまったのだ。組合を構成するメンバーの家庭環境や人となりを知っていれば想像できそうな事態だが、そこまで入念に配慮した事業計画ではなかったことがうかがえる。しかも二つの営農組合は経理を一元化しているため、経営意識が薄くなってしまっているという。

ＪＡ秋田おばこのメガ団地を訪れてから4年近くが経った２０２２年夏、改めて県や地元の関係者に取材した。この間、労働力が確保できなかったことを反省して、トマトを栽培していたハウスは当初の１０４棟から74棟に減らした。減らした棟は別の農家に貸し出している。栽培面積を減らした分、集中的に管理ができるようになったほか、県の農業改良普及員の梃入れもあり、なんとか黒字に転換したそうだ。

成否を分けた四つの要因

以上、秋田県の二つのＪＡにおける園芸振興の取り組みを比較してみると、成否を分けた要因として少なくとも次の四つが考えられる。①産地としての素地の有無②確かな計画に沿った実行力③関係者の連携の強固さ④責任の所在の明確さ——である。

さらにＪＡ秋田おばこのメガ団地が失敗した理由をもう一つ付け加えれば、田植え機やコンバインなどで機械化一貫体系が確立された稲作と、労働集約型の施設園芸との違いを現実感を持って理解できていなかった点だろう。家事や育児を抱えた女性と高齢者ばかりでは、夏場の過酷な労働環境のなかで長時間働いてもらうことは端から期待できない。それなのに、いきなり大規模な施設園芸に乗り出したことに無理があったのだ。

リスクを抱え、投資することこそ園芸

秋田県で園芸に勤しんできた農家たちは「園芸メガ団地事業」の危うさを見抜き、批判してきた。秋田県大潟村を中心に1998年から全面転作に取り組む有限会社正八の代表取締役である宮川正和さんもその一人だ。

「農家が投資しないものだから、秋田県は園芸メガ団地事業で火を付けてあおってる。でも、園芸は投資なんだよ。いかに投資するか、それこそが園芸の経営だ」

宮川さんはこう言い切るとともに、行政が補助金で稲作から園芸へと誘導していることを批判する。

「政策で保護されているコメと違って、園芸の情勢はころっと変わる。たとえば中国産のネギを国産に置き換える流れがあるが、中国側の動向一つ、円の高い安いで全然変わってしまう。園芸はお金との戦いだ。もし園芸を始めるなら、補助金ありきでいきなり規模を大きくして展開するのではなく、まずは小さい規模から始めて、めまぐるしく変わる環境に身を置いて、経営を回す練習期間が必要」

この指摘は、まさしくJAあきた白神とJA秋田おばこの明暗を分けた理由そのもの

である。

正八は現在、秋田県では大潟村とその近隣の男鹿市のほか、埼玉県熊谷市にある計110ヘクタールの農地でネギやダイズ、カボチャ、花や野菜の苗などを契約栽培している。従業員3人と外国人技能実習生と特定技能外国人を合わせて11人、季節によってパートを15～30人雇用しており、年商1億2000万円。これまでに5人を独立就農させた。

1994年に会社を立ち上げ、98年にコメと園芸の繁忙期が重なることを理由にコメをやめようと決断。大潟村の15ヘクタールで全面転作に踏み切った。国が食糧難の時代にコメを増産するために干拓した大潟村にあって、コメを作らず園芸一本で経営を軌道に乗せている希有な存在だ。園芸のベテランの声だけに重く響く。

宮川さんの批判は、園芸メガ団地事業の建付けにも及ぶ。「園芸の産地として新たに出てきたところに助成したらいいわけで、出てきていないところに無理に出すことは止めた方がいい」「最初から大きな助成をするのではなく、まずは融資で事業を回して、3年後だか5年後に実際の成果をみて、これなら1億の金を回せるだろうという見通しがついてからドンと助成すべきだ」

「園芸メガ団地事業」が掲げる最大1億円という販売額の目標を達成できるだけのハウスを維持するには、それだけの維持費、更新費が必要になる。農家にとっては、初期投資がほぼかからないという点ではいいかもしれないが、それが身の丈を超えたものであれば年月を経るに従って経営的なリスクは大きくなる。

「リスクをどう回すかこそが事業なのであって、リスクがなければ事業とはなりえない。園芸メガ団地事業はこの大事な点が抜けている」。JAあきた白神とJA秋田おばこを取材した者としては首肯するしかない。

無責任な秋田県

一連の取材を終えた後、秋田県庁を訪ねた。園芸メガ団地事業を活用して誕生した20を超える「メガ団地」の経営状況を聞くためだ。取材した県園芸振興課は、「詳細は把握していません」とのこと。補助金を出すだけで、その検証はしていないという。そんな無責任な体制のまま、園芸メガ団地事業は名称を変えながらも続いてきた。ただ、2022年度からは経営の詳細を調べるようになった。

それぞれのメガ団地は、事業に応募する前、県から経営モデルを提示されている。作

秋田県庁の正面玄関に置かれた「サキホコレ」の宣伝パネル

付面積当たりの収支内容だ。ただ、すでに見たように経営モデルはあくまでもモデルに過ぎない。

筆者（窪田）がその経営モデルを見た限りでは、単位面積当たりの収量や売り上げなどが現実から乖離しているのではないか、と感じた。先ほどから述べているとおり、施設園芸では機械化が進んでおらず、人が介在する作業が多い。それだけに、人材の教育や管理の重要さが増してくる。ところが稲作を中心とした水田農業経営体はそれに適応するような頭の転換ができない。本章の冒頭で紹介した農家たちが、「園芸振興は甘い罠」と批判した理由がここにある。

かつてはコメへの嫌悪感をにじませた過激

な発言を繰り返し、県農政に園芸振興へと舵を切らせた佐竹知事。ところが2022年現在、佐竹知事が最も力を入れているのは、同年から普及に本腰を入れることになったコメの新品種「サキホコレ」の宣伝活動だ。コメどころの各県が相次いで新品種を世に送り出してきたなか、遅まきながらのデビューとなった。5月にはにかほ市で、佐竹知事自らがその田植えをしたことを言い添えておきたい。

稲作からの脱却は全国的な課題となり、都道府県からさまざまな補助事業が出てきている。園芸を振興するにしても、無責任な農政に踊らされることなく、自らの経営資本や置かれた環境を見極めながら冷静に判断すべきである。

2　高知県がうまくいっている理由

施設園芸の成否を左右する「1％の理論」

園芸振興の問題をもう少し追及したい。ここから先に取り上げるのは、園芸のなかでもハウスで作物を栽培する施設園芸だ。農水省も、先端技術を活用して所得や雇用の拡大を目指す「次世代施設園芸拠点」と呼ぶ巨大な施設園芸の普及に力を入れている。

露地栽培と違い、施設栽培ではガラスやビニールといった素材でつくる閉鎖空間のなかで、加温器や加湿器、カーテンで温度や湿度、日射量を調整する「環境制御技術」を利用する。なぜハウス内の環境を制御するのかといえば、最大の目的は収量と品質を上げることにある。そのために欠かせないのは、光合成の促進だ。

光合成がいかに重要であるかは、施設園芸の先進地であるオランダの農業現場に行けば、しきりに耳にする「1％の理論」にあらわれている。「1％の理論」とは、光を取り込む量が1％上がれば、それだけ光合成が促進され、収量も1％上がるという理論だ。オランダは、「1％の理論」を原則として環境制御技術でたゆまぬ研究開発と生産現場への普及を続けてきた。ハウスにはセンサーが設置され、日射量や二酸化炭素など作物の光合成に影響するデータを確実に取りためている。農業法人や営農支援する民間のコンサルタントは、そのデータを分析しながら適切な管理をすることで、世界最高の収量を上げているのだ。

では、日本では光合成を促すための環境制御技術を使いこなすだけの体制ができているのか。できていないとすれば、なにが足りないのか。この問題を解き明かすうえで、取り上げるのは佐賀県だ。同県は、2019年度に予算化した「さが園芸888運動」で、園芸分野の農業産出額を2028年までに888億円に押し上げることを目標に掲げている。その一環で普及に注力しているのが施設園芸である。同事業ができた背景と概要を押さえながら、この問題を考察していきたい。

「参入や規模拡大が容易」への違和感

「稼げる農業を実現したい」。佐賀県園芸農産課の担当者は筆者の取材に、「888運動」の目的についてこう説明した。

同県の農業総産出額は、「888運動」の「基準年」となる2017年時点で1331億円だった。その内訳をみると、最も多いのは園芸で629億円。これに337億円の畜産、324億円のコメ・ムギ・ダイズが続く。「888運動」では、園芸の産出額を888億円にするので、基準年との開きは259億円に及ぶ。つまり10年間で約40%増やさないといけないわけだ。

なぜ県は園芸に注目したのか。説明資料「さが園芸888について」には、次のような理由が記されている。「全国的にも産出額が伸びている県は園芸の伸びが大きい」ことに加えて、「コメ・ムギ・ダイズと比較しそれほど広い農地を必要としないなど、新規就農や参入、規模拡大が容易」という。

まず「容易」という認識に違和感を感じた。理由は、全国で多くの県が同じように補助事業を設けて園芸振興をしたものの、成功したとは言えない農業経営が後を絶たないからだ。それは、秋田県の事例で見たとおりである。確かに補助金の後押しを受けて「新規就農や参入、規模拡大」するのは「容易」になっているのかもしれない。ただ、その後の農業経営が軌道に乗っていない実例はいくらでも挙げられる。その要因はこの後に述べていく。

本題に戻ろう。佐賀県が園芸振興で力を入れる一つが施設園芸であり、環境制御技術の普及だ。同県は、環境制御技術を導入して、品質と収量とともに農家の収益を高めることを狙っている。そのため「888運動」ではとくにハード事業に力点を置いている。

2021年度予算でいえば「888運動」に関連する約13・5億円のうち約12億円がハード事業を対象にしている。このうち「園芸用施設・機械の整備に対する助成」が70％ほどを占める。

「888運動」後に下がった農業産出額

では、「888運動」で2019年度から予算を措置してきた実績、つまり園芸の農業産出額はどうなっているのか。基準年の2017年に629億円だったのが、事業を始めた2019年には584億円と逆に下がっている。県園芸農産課によると、「運動の効果が出るまではタイムラグがある」。これはその通りだ。ただ、2020年は597億円と、思うほどには伸びていない。その理由は「新型コロナウイルスの影響による消費の落ち込みが響いているので」(県園芸農産課)。この釈明ももっともなことで、否定できない。

では、これから施設園芸の産出額が伸びるのかというと、取材をした限りはそうした印象を受けなかった。最大の理由は、「888運動」が支援するのは栽培に必要な装置や機械の導入費への補助というハード面が中心になっているからだ。一方で、施設園芸の運営を左右するデータの活用と、それができる人の育成といったソフト面には力点が置かれていない。

高知県のダントツの平均反収を支えるデータ活用

では、どうすればいいのか。この問いに対する答えとして参考になるのは、国内における施設園芸の先進地である高知県だ。

「うちの県の野菜はどれもメジャーではなく、1・5級メジャー」。高知県農業振興部IoP推進監の岡林俊宏さんに自県の園芸作物について尋ねると、こんな評価が返ってきた。

高知県の特産といえばシシトウ、ショウガ、ミョウガ……。いずれも全国一の生産量である。ただ、ジャガイモやタマネギ、ニンジンといった日常の食卓に欠かせない「メジャー」な品目は得意ではない。だから野菜の産出額は711億円と、都道府県ランキングでは11位にとどまる。

といっても岡林さんは、「1・5級メジャー」の称号を自嘲しているわけではなく、むしろ誇りに思っている。それは視点を変えれば分かる。高知県は耕地面積当たりの農業産出額ではダントツなのだ。「高知の園芸はどれも手間暇かけて労力をかける品目ばかり。技術がないとたくさん取れないので、その点はとにかく頑張ってきたんです」

岡林さんがいうように、高知県が単位面積当たりの農業産出額で全国一なのは、反収を上げる努力をしてきたからに尽きる。なにしろ農地の総面積は全国の0・6％しかない。県土の84％が山である。

余談ながら、施設園芸の先進国であるオランダと高知県を比較したい。地形が山がちな点は、ほとんどが平野である同国とは異なる。ただ、主には農地が狭小という理由から集約型で高付加価値の園芸農業を展開して、首都圏へ野菜や果物、花きを輸送する点は、周辺諸国に園芸作物を輸出して成長してきたオランダの姿と重なる。事実、高知県の農業の師匠はオランダといっても差し支えない。これについて、後ほど詳述する。

データに基づく環境制御技術

高知県といえば、施設園芸の多くの品目で全国でトップクラスの反収を上げている。まずは、その実績を確認しよう。同県の主要野菜であるナスとピーマン、シシトウ、キュウリ、ミョウガ、ニラ、トマトの7品目の平均反収を見ると、トマトを除いて全国1位である。そのため、高知県によると、同県の耕地面積当たりの農業産出額は、1ヘクタール当たりの農業産出額が599万円と、ダントツである。これは、全国2位の山梨県の450万円を150万円近く上回り、高い生産性を誇っている。ちなみにトマトの平均反収は全国3位。これは、収量が低くなりがちな高糖度トマトを主力にしていることとが大きな理由である。

高知県がこれだけの実績を上げられた要因は、データに基づく環境制御技術が広がったからだ。農業におけるデータとは何か。それは大きく分けて三つある。環境と管理、生体に関するデータだ。

一つ目の「環境データ」は気象や土壌、水といった作物が育っている環境に関することである。二つ目の「管理データ」は、人為的な営農行為に関すること。たとえば種子や農薬、肥料をまいた時期やその量、あるいは農業機械をどこでどれだけの時間動かしたのかも含む。三つ目の「生体データ」は作物の生育状態に関すること。葉の面積、果実の糖度や酸度、収量といった作物そのもののデータである。

高知県は2013年度から、施設内の温度や湿度などの「環境データ」を測定する装置と、光合成の原料となる炭酸ガス（CO_2）を供給する装置の普及を開始。その結果、導入した農家は反収を5〜30％増やした。両装置の普及率は、主要野菜7品目の栽培面積の59％に及ぶ。県は、収量が上がった分の経済効果だけで29億円と試算する。品質ではメロンやスイカで玉揃いや糖度が安定するなど、実際にはより大きな経済効果を生み出しているとみている。

オランダとの半世紀にわたる交流の歴史

では、なぜ高知県はデータに基づく環境制御技術を普及できたのか。前出の岡林さんは、その理由について「古くからオランダと交流してきた背景があったことは無視できない」と説明する。

オランダといえば農業大国だ。その国土面積は九州の1・1倍、農地面積は日本の4割でありながら、農産物の輸出額は約10兆円とアメリカに続き世界2位である。ただし同じ農業大国でも、過剰に生産する原料穀物を輸出に振り向けるアメリカとは異なる。施設園芸を中心に集約型の農業を展開し、食品産業と連携して付加価値の高い農産物をつくり出している。

交流の歴史は半世紀ほどに及ぶ。「いまから40~50年前、高知はテッポウユリの産地でして、オランダに輸出していたそうなんです。オランダはその遺伝資源をもとに品種改良したオリエンタルユリを開発し、逆にその球根を高知に輸出するようになりました。いまでは取引額は10億円にもなります」(岡林さん)

ユリがオランダとの交流の第1弾としたら、第2弾は1990年代の養液栽培、第3

弾は99年からの環境保全型農業である。本節のテーマとの関連で注目したいのは、第4弾となる2009年にオランダ・ウェストラント市と友好園芸農業協定を締結したことだ。主に環境データに基づいた環境制御技術の習得と学生の教育、企業の交流の三つの分野で友好を図ってきた。

第4弾の交流の中でも重視したのは環境データに基づいた環境制御技術の習得だ。協定締結から3年にわたって年2回、オランダの農業技術のコンサルタント会社から専門家を講師に迎えて、県職員向けに1週間の講習会を開催。講義の内容は植物生理や環境制御技術、経営戦略など多岐にわたるメニューの中から好きな項目を選択させた。

講義はすべて英語。通訳は参加する県職員が務めた。言葉の壁もあってその場で内容を十分に理解できない職員は少なくない。そこで英語版の資料の日本語版を作ったほか、講義の内容を後日要約した資料を別に用意。それらを冊子としてまとめた。講義の内容について県農業技術センターの高橋昭彦技術次長（現所長）はこう振り返る。「国内のどの本にも載っていない濃密なものだった。いまでも分からないことがあったら冊子を読み返すほどです」

県内の農業関係者向けにも、勉強会を開催したり、協定の締結後に毎年30～50人の農業関係者を連れてオランダの施設園芸の現場を視察したりした。農業関係者とはＪＡ職員や農家、農業高校の学生が含まれる。その人数は延べ３００人を超える。こうした地道な取り組みにより、データに基づいた環境制御技術が収量や品質の向上につながることの認識が広がっていったのだ。

すでに述べた通り、２０１３年度からは、主に先駆的な農家の施設で環境データを取る装置や炭酸ガスを発生させる装置の実証試験を県の費用負担で開始。さらに環境制御技術に詳しい職員を「環境制御技術普及推進員」として県内5カ所にある普及組織で１人ずつ任命。彼らが機器の効果的な使い方を指導していった。

実証試験が奏功して「儲かる」ことを確認してからは農家も変わった。自発的に実証試験や情報交換をするようになったのだ。同県はこうした農家による勉強会の開催を支援するとともに、環境制御機器類の導入に対する補助事業を創設して普及を推進していった。

全国でおろそかになっている人材育成

佐賀県も２０２０年度、「環境制御技術普及推進員」と類似の専門職を用意した。ただ、配置したのは2022年度まででわずか1人に過ぎない。しかも県やJAの職員、農家らを対象にした勉強会や視察会も高知県ほどに盛んではない。データに基づく環境制御技術の効果的な使い方を浸透させるには時間がかかる以上、佐賀県による人材育成の体制は不十分に感じる。

もっとも、人材育成という点で佐賀県にも評価すべき取り組みはある。施設園芸の新規就農者を育てる拠点「トレーニングファーム」はその一つだ。

事業を委託されたJAさがは2017年度からイチゴとキュウリ、トマト、ホウレンソウの4品目をそれぞれ作りたいという人を、県内外から研修生として毎年数組ずつ受け入れている。トレーニングファームは品目別に管内4カ所に用意し、2年間にわたって実技を中心に教える。先生である篤農家や県農業改良普及センターOBから教えを受けた人たちが独立後、全国有数の反収を達成するなど成果を上げ始めている。

その一人は、周囲の農業関係者から「キュウリの神様」と呼ばれる佐賀県武雄市の農家・山口仁司さんのもとでその施設栽培の技術を身に付け、2021年に独立した佐賀県武雄市の松尾未希さん。山口さんは、園芸施設内の温度や湿度などの環境を制御する技術を国内でいち早く取り入れ、キュウリの10アール当たりの収量で20トン、30トン、

「キュウリの神様」と呼ばれる山口さん（右）

40トンという壁を次々に超えていった人物だ。最多の記録は48トンで、これは国内平均14トンの3倍を超える。

松尾さんはトレーニングファームを卒業後、さらに半年間を山口さんのもとで修業した。園芸施設の施工が間に合わなかったためだ。

ただ、いま振り返れば、これが奏功したという。

というのもトレーニングファームでの研修は実践という意味では物足りなかった。担当した施設が10アールと小さく、面積当たりの作業人数も多かったからだ。一方、57アールでキュウリを栽培する山口さんの園芸施設は当たり前ながら実践的だった。「トレーニングファーム時代とは管理の仕方ががらりと変わりましたね。それこそ葉の摘み方から収穫の

就農直後から目覚ましい実績を上げている松尾さん(左)

仕方まで、大規模の面積をこなすための作業管理を徹底して鍛えられました」(松尾さん)
その結果、1年目に反収で35トンを達成した。この数字は、全国でもトップクラスだ。
松尾さんがこれだけの実績を上げられたのは、本人の努力はもちろんだが、同時に山口さんの無償の指導があるからだ。松尾さんは次のように語る。「仁司さんは、自分の経営を差し置いて困っている農家のところに行って相談に乗っている。自分の施設で仕事をするのはそれが済んでから」。山口さんの行為は、自らの経営で後継者が育っているからできることではあるものの、人徳のなせる業と言わざるを得ない。
ただ、山口さんのような優れた技能を持ち

ながら、同時に無償で指導に当たる人物がほかの産地にいるわけではない。本来、組織内でこうした人材を育てることこそ自治体の役割であるはずだ。山口さんも同じ考えを持っているようで、高知県の「環境制御技術普及推進員」のような専門職の人数をいま以上にそろえるべきだという。

併せて山口さんが県に提言しているのは、ハウスの環境を制御する機器の機種をそろえること。現状は農家によって導入した機器はまちまちで、機種ごとに使い方が異なる。環境制御に長けた人がそうではない人に教えようとしても、互いに同一の機種を使っていないのであれば、それは難しい。山口さんは「県内で普及する機種はせいぜい二つに統一すべきではないか」と話している。

山口さんの提案は佐賀県だけに向けられたものではない。国を挙げて進められる園芸振興。それが抱える共通の課題である以上、山口さんの言葉には多くの自治体に耳を傾けてもらいたい。

第八章　「スマート農業」はスマートに進まない

1　農業アプリの開発責任者が利益相反で解任されたスキャンダル

近年、農業界の主要課題で広く社会でも耳目を集めている一つに「スマート農業」がある。旗振り役の農水省によると、その意味するところは、「ロボット技術やICTを活用して超省力・高品質生産を実現する農業」。このうち、世間的には、とくにロボットが注目されているようだ。人が乗車しなくても無人のまま走行するトラクターの開発物語が、2018年にはTBSの日曜ドラマ「下町ロケット」で取り上げられ、話題になった。

農水省は、おおむね5年ごとに改訂する農政の羅針盤といえる「食料・農業・農村基本計画」の2020年版で、これからの基本方針として「食料自給率の向上と食料安全保障の確立」と明記。その実現に向けて、まさに「スマート農業の加速化」をうたっている。そのために注力しているのが、農業版のデータプラットフォーム、通称「WAGRI（ワグリ）」の開発と普及だ。スマート農業では、ロボットが注目されがちだが、後ほど述べるように、その本質はむしろデータにある。

そこで、本節ではまず、データの利用を推進するうえで中核的な役割を果たすワグリを取り上げたい。ワグリを巡るある騒動から、農水省が推し進めようとするデータ利用の世界が、皮肉にも農水省自身が固執してきた保護政策によって、遠ざけられたままであることを追及していく。

「経験」と「勘」の世界を変えるデータ

ワグリについて理解してもらう前に、まずは農業界でデータの利用を広げる意義について確認しよう。それは食と農の現場に関してさまざまな観点から言うことができるが、ここでは一例として農業経営の向上についてみていきたい。

農業はこれまで「経験」と「勘」の世界とされてきた。概して農家は、農薬や肥料をまくといった農作業のデータだけでなく、その結果としての収量や品質のデータを記録していない。このため、過去の反省を踏まえてよりよい営農をするといっても、経験と勘に頼るほかはない。しかも、それらは個人に紐づいているため、子や孫には十分に引き継がれないまま親が亡くなるということが起きる。あるいは同じ作物を栽培している周囲の農家たちと共有することも難しい。

それに経験を積んで勘を磨くといっても、他産業と比べると、農業は試行錯誤できる回数が限られている。たとえば稲であれば、ほとんどの地域で栽培できる回数は年に1回である。つまり、生涯では50回とか60回がせいぜい。回数が限られているなかで培った経験と勘の大半は、データとして残されることなく、永遠に失われていく。

デジタル化の波のなかで、こうした経験と勘の農業を変えるカギを握るものこそデータだ。データを蓄積し、利用すれば、たとえばPDCA（計画・実行・評価・改善）のサイクルを繰り返して、業務の改善が効率的に図れるようになる。そのため、最近になり、農作業のデータを管理するシステムを提供するICTベンダーが増えてきた。ワグリは、そうしたICTベンダーを主な会員として、豊富で幅広いデータを農家に提供してもらうことを狙っている。

もちろん、よりよい営農のために必要なデータは、農家と田畑との関係だけで生まれるわけではない。その周辺には、気象や市況といった幅広い分野のデータが存在している。ただし、そうしたデータは、それぞれのICTベンダーがてんでばらばらに収集や管理をしているのが現状だ。

しかも、基本的にICTベンダーが持っているデータには互換性がない。それぞれデータの形式が異なっている。たとえば表記一つを取っても、「田植え」を意味する言葉としては、「田植え」「田植」「移植」などとまちまちである。このため農家やJAがデータを利用する場合、複数のICTベンダーから入手したデータを一つのシステムでは管理できない。

そこで、点在している一連のデータを統合的に管理して、なおかつ互換性を持たせ、個人や組織が必要な時に必要なデータを利用できることを目指しているのがワグリなのだ。

先ほど述べたように、ワグリでは市況や土壌などのデータも共有することを目指している。たとえば市況のデータを踏まえれば、農家は高値のときを狙って作付けしたり出荷したりできる。

あるいは、最新の研究成果も公開し、その一部を利用できるようにしている。一例を挙げると、気象の予測と収穫の予測がそれだ。前者については、最長で26日先までの気温や日射などのデータを入手できる。後者であれば、たとえば作付けするコメの品種を選び、苗を植えた日を入力すれば、収穫日を推定してくれる。ICTベンダーは、ワグリの会員となることで、こうした機能を自社で開発しなくても、農家やＪＡにそのサービスを提供できるようになる。

政府は、２０１８年に閣議決定した「未来投資戦略２０１８」で、２０２５年までに地域農業の担い手のほぼすべてがデータを活用した農業を実践することを目指している。「地域農業の担い手のほぼすべて」がどれくらいであり、「データを活用した農業を実践する」がどの程度のことかは明確にしていないが、現状を踏まえれば、農家の意識改革に加えてデータを活用できる環境づくりを強力に進めなければいけないのは確かだ。

ワグリはまさにその要をなすものである。その運用は、農水省系の研究機関である農研機構が２０１９年４月に商用目的で開始した。いまもなおシステムの整備を図りながら、最新の研究成果を盛り込むとともに、会員を募っているところだ。

ところが、である。そんな事態に水をさす騒動が内部で持ち上がった。ワグリの顔ともいえる人物が、その開発と普及に当たって利益相反を働いていた疑いが浮上したのだ。引き金になったのは、農業界とは関係ないと思われる一本の記事だった。

オリパラアプリの開発で、利益相反を疑われた慶大教授

「言い値が通る膨張『IT予算』暗闘の舞台裏 『平井卓也デジタル大臣』vs.『NEC』暴言騒動の背後に疑惑の『慶大教授』」

これは、2021年7月1日号の「週刊新潮」に掲載された特集記事のタイトルである。記事が取り上げたのは、東京五輪・パラリンピックに来場する海外からの大会関係者や観光客の健康情報を管理するアプリケーション（以下、オリパラアプリ）を開発する政府の事業に関する騒動について。以下、この記事に基づいてその顚末の概要を押さえていく。

2021年1月、この事業を約73億円で落札したのは、NTTコミュニケーションズを代表とする5社だった。ところが、新型コロナウイルスの影響で、3月になって海外からの観光客の受け入れを取り止めることが決まる。これでオリパラアプリを利用する対象者が大幅に減ることから、事業費は約38億円とほぼ半分に削られた。

記事を読む限りではおそらくそのあおりを最も受けたのが、タイトルに挙がったNECである。担当する顔認証システムの開発と運用が中止となり、契約を解除されたのだ。

ただ、NECはすでに開発を始めていた。同社の社員がそのことを戦略室で開かれた会議の場で説明する。ところが平井大臣から返ってきたのは、「（NECが）ぐちぐち言ったら完全に干す」「NECには（五輪後も）死んでも発注しない」「（NEC会長を）脅しておいて」といった、優越的地位を背景にした圧力とも取れる言動だったというわけである。

一方で、記事はNECにも疑惑の目を向けている。それは、オリパラアプリを開発する事業を担当していた「内閣官房IT総合戦略室」の幹部の一人がNECと密接な関係にあったからだ。

その幹部とは、戦略室の室長代理を務めていた慶應義塾大学環境情報学部の神成淳司《しんじょうあつし》教授。戦略室の幹部のなかでは唯一の民間人で、オリパラアプリの開発については全体を管理していた。NECの子会社と共同で特許技術を開発する間柄だった。

事はこれだけではおさまらない。オリパラアプリを開発する事業を落札したなかには、NEC以外にも神成氏と親しい業者が含まれていた。おまけにその開発に必要なライセンスの一つに神成氏が関わったものがあり、それに2億円が支払われる見積りが出されていたという。つまり落札の過程に利益相反の疑惑が出てきたというわけだ。

この特集記事が掲載された翌月の8月27日、内閣官房はオリパラアプリの発注業務で不適切な対応をしたとして、神成氏ら3人を訓告処分にしたことを明らかにした。

以上が「週刊新潮」の特集記事とその結果のあらましだ。ただ、この騒動には続きがある。その火の粉が飛び散った先こそ、一見すると何の関係もないワグリだった。

ワグリの顔の背任疑惑に、農研機構の理事長が不快感示す

「記事を読んだ久間理事長は、不愉快に感じていたそうです」

こう打ち明けるのは、農研機構から仕事を受けている事情通のAさんである。「久間理事長」とは、同機構のトップを務める久間和生氏のことだ。

農水省系のこの研究機関では従来、理事長には農研機構か国立大学の人物が据えられてきたが、政府が提唱する「ソサエティ5・0」へ対応することを理由に、その慣行が変えられた。「仮想空間と現実空間を融合させたシステムで、経済発展と社会課題の解決を両立する」という国家的なその構想が動き出したことに加えて、農業界と経済界の連携を強化する流れにあったことから、2018年4月に初めて同機構の理事長を民間から招くことになった。白羽の矢が立ったのが、三菱電機副社長まで務めた久間氏だった。

久間氏は、自身が内閣府総合科学技術・イノベーション会議の議員時代、まさに「ソ

サエティ5・0」を提唱した一人である。だからこそ現職に就いたとき、真っ先に宣言したのが「ソサエティ5・0」の農業・食品版の実現だった。つまりは、冒頭で紹介した「スマート農業の加速化」がその代表である。

久間氏はその実現のために、農研機構にその中核的な役割を果たす「農業情報研究センター」を設置。民間や大学から人工知能（AI）の専門家を招いたほか、農研機構の全国各地の出先機関にいた情報科学に詳しい人材を茨城県つくば市にある本拠地に集結させた。とくにワグリについては、同センターに「WAGRI推進室」を設け、その普及に向けて中身の充実やサポート体制の整備に注力してきたところだ。

「週刊新潮」の特集記事を読んで、久間氏が不愉快に感じたのも無理はない。じつは神成氏こそワグリの顔ともいえる人物だったからだ。

神成氏は、政府の情報政策全般で要職に就いており、2018年10月からは農業情報研究センターのアドバイザー的存在である「農業情報連携統括監」も務めていた。

しかも、ワグリは実質的に神成氏が造ったものとされている。農水省によると、その著作権は慶應義塾大学にある。ただ、ワグリに関して、神成氏は開発の実質的な統括責任者であり、プロモーションイベントでは決まって講演していた。おまけにワグリの初期の会員の多くは、神成氏がその伝手で集めてきたという。ゆえに、農水省や農研機構の関係者の間では、「ワグリは神成氏のもの」という強い印象を持たれていた。

久間氏を不愉快にさせた理由はもう一つある。ワグリの開発と普及に関しても、オリパラアプリと同じように、神成氏が背任によって不当な利益を得ていた疑いが出てきたからだ。Aさんが再び証言する。

「じつは、ワグリのシステムを造っていたのは、先生（神成氏のこと）と親密な会社でした。そこにはワグリの会費の一部が入るようになっていたんです。会員を増やせば増やすほど、金がトンネル会社を通じて先生の懐に入るようになる。これでは、利益相反といわれても仕方ないですよね」

これに関して、まず農研機構に確認すると、メールで「不適切な行為があったとは承知しておりません」という回答だった。

一方、神成氏は取材に対し、「そのような事実は一切ない」と回答した。

ただ、農水省の疑いは払拭できなかったようだ。神成氏は2022年3月末をもって農業情報研究センターの農業情報連携統括監を任期満了を理由に解任されている。2018年10月から2年度末ごとに契約更新してきたが、3度目の登板はなかったわけだ。

これに関して、神成氏は取材に対し、「ワグリの知名度の向上と普及に一定の役割を果たしたため」と回答した。ただ、後ほど述べるように、釈然としない説明である。「ワグリの開発に携わった事業者についても、先生と関係があるのではないかと疑われて、すべて排除することになったと聞いています」（Aさん）

ワグリの会員数が伸びない二つの理由

こうしたごたごたがあったなかで、ワグリはどれほど普及したのだろうか。残念ながら、現状は寂しい限りだ。農研機構の企画戦略本部経営企画部に取材すると、会員数は2022年3月末時点で74にとどまっている。運用が始まった2019年4月時点では24だった。本章の冒頭で触れたように、政府が2025年までに「地域農業の担い手のほぼすべてがデータを活用した農業を実践すること」を目指しているのであれば、その割には伸び悩んでいるといえる。

農研機構は会員を増やすため、2022年4月には会費を5万円から4万円（いずれも税別）に下げた。ワグリのようなデータプラットフォームは、データの質と量が大事になる。質のほうは利用者の判断にゆだねるよりほかにないが、現状、量については

「スマート農業の加速化」に資するデータプラットフォームになれているとはとてもいえない。

各方面に取材した限り、会員数が増えない理由はいくつもある。このうち、神成氏との関係で推察するのは、システムの機能が不十分だったということだ。というのも、農研機構は神成氏を解任したのをきっかけに、システムの機能を改善することに踏み切った。農研機構は筆者（窪田）の取材に対し、その理由を次のように説明した。「ワグリは、大規模データの扱いなどで課題がありました。それを解決するため、高速API基盤を構築する業務を公開して、入札しているところです」。データプラットフォームである以上、大規模なデータを扱うことは前提条件であり、この説明からは「なにをいまさら」という印象を受ける。当初からの機能に問題があったのではないか。

なお、農研機構の企画戦略本部経営企画部には今回の疑惑についてもっと踏み込んだ質問をメールで何度も送ったものの、答えをはぐらかしてくるばかりだった。やはり疑惑は疑惑ではなく、事実であると思ってしまう。

ワグリの普及で直面する農政の根本的な問題

では、単純にシステムが改良されれば、会員は増えるのだろうか。残念ながら、現状のままでは、大幅な増加は見込めないというのが常識的な見方である。なぜなら国内の農家のほとんどは、零細な経営をしており、データを利用する段階に来ていないからだ。農家の大半は、給与や年金に収入を依存している。彼らは農業で儲けるつもりはない。それゆえに、データを利用して、経営を向上させるつもりもないのだ。

それに、そもそもデータを利用するにも金がかかる。これが日本の農業界には馴染まない。というのも、これまで農家が営農指導を受ける場合には、それを担っている公的機関やJAが無償で提供してきたからである。そのため、一般に農家は、知的資産に金を払うという考え方を持ち合わせていないのだ。

それでもワグリを利用してもらいたいのであれば、当初の会費は無料にすべきだったのではないか。ICTベンダーに対して、まずは無償で会員となる道を開き、農家にデータの価値を認識してもらう。そのうえで、引き続きワグリを使う手ごたえを得た場合には、段階的に課金していくという方法もあったはずだ。だが、実際にはICTベンダーが初期の料金設定としては高額だと感じたことで、会員数は増えていかなかった。

結局のところ、根本的な問題は、農政の失策であることを主張したい。もしデータの利用を広げたいなら、零細な農家が退出するのを是が非でも押しとどめるようなコメの減反をはじめとする保護政策は止めるべきである。構造調整を進めて、データの価値を認める経営志向のある農家の台頭を歓迎すべきである。「スマート農業の加速化」「輸出の拡大」といった勇ましい言葉を掲げながら、一方で保護政策を止めない農水省には、いままでのように矛盾を抱えていくことを良しとする本音が垣間見える。

すなわちスマート農業の実態から見えてくるのは、本書で取り上げたほかの問題にも見られる、一貫性のないちぐはぐな農政である。

もし農水省が本気でデータ利用を進めるつもりなら、いい加減に保護政策を止めるべきだと、繰り返し述べておきたい。併せてワグリを巡る先の疑惑について、農研機構は説明を果たすべきであることも言い添えておく。

2 「スマート農業」の本質はデータにあり

農水省の定義への違和感

さて、ここまでスマート農業という言葉を何度も使ってきた。本章の冒頭で触れたように、農水省によるその定義は「ロボット技術やＩＣＴを活用して超省力・高品質生産を実現する農業」である。

ただ、この見方に与することはできない。なぜなら、スマート農業の本質はデータによる「見える化」にあると考えるからだ。そう主張する理由とともに、農業の成長にとってデータが持つ価値と可能性についてもう少し考察したい。

農水省の説明に違和感を抱く理由ははっきりしている。それは、手段と目的が画一的かつ短絡的であり、個々の農業経営が直面する課題をすくい取るだけのきめの細かさがないからだ。とくにロボットに関して、そうだと考える。

確かに、国内では農家数が急速に減る一方、残る農家は一斉に放出されてくる農地を吸収して規模を急速に広げてきている。それなのに、農作業や農業関連施設の運営に従事する人が足りていない。だから、生産の維持や拡大をするには、ロボットに期待したい気持ちは理解できる。

ただ、ことはそれほど簡単ではない。そもそも農家がロボットを導入するにしても、その前提となる農地問題が解決していない。日本の農家の平均的な経営面積は北海道を除けば2ヘクタール強。最近では「メガファーム」と呼ばれる100ヘクタールを超える経営体の出現が相次いでいるものの、1枚当たりの農地の面積は30アール程度と小さいのが現状である。こうした小さな農地が分散しているので、移動するだけで時間を取られてしまう。

そんな効率の悪い条件の中、農水省の言うがままに、概して高額であるロボットを導入できる余力のある農家がどれだけいるだろうか。

ロボットで思い出すのは「機械化貧乏」という言葉だ。農家がそろって経営に見合わない農機を購入し、メーカーを儲けさせる事態は、日本農業の歴史の中で反省すべき材料である。

この産業の中心にいるのは、農水省やメーカーなどの農業関係者ではなく、あくまでも農家である。農家が経営を維持・発展させる力を身に付けなければならない。そのためにこれまで欠けていたのは、まずもって自分がどんな農業経営をしているのかをはっきりと知ることである。ロボットを導入するのはその後ではないか。

農業経営といっても千差万別。たとえば同じ水田経営であっても、抱える人員や農地の枚数、栽培する品種や自然環境などあらゆる点で事情は異なる。そうした個別の事情をすくい取りながら課題を洗い出し、解決に導くことこそスマート農業の本質であり、そのための手段こそがデータの活用である。つまり「見える化」なのだ。

これに関連して印象に残っているのは、第四章で登場した株式会社アグリシーズの代表を務める山根精一郎さんが、日本モンサント株式会社に入社した直後の約40年前に研修でアメリカに留学したときの話である。ある日、山根さんは、アーカンソー州にある大規模な稲作の農場を訪ねた。新規除草剤の研究と開発のための調査であった。

農場主に現在利用している除草剤を聞けば、古い商品だというので、なぜ効果の高い新商品を使わないのかを尋ねた。すると、農場主から自宅の代わりにしているトレーラーハウスに連れて行かれ、見せられたのはパソコン画面に映った表計算ソフト。そこには、経営全体の収支に関するデータが事細かに載っていた。

農場主は、そのデータを見ながら、こう答えた。「お前が言った最新の除草剤を使ったら、確かに除草効果が高く、収穫量はこれだけ上がるだろう。でも、それを購入すれば、コストは上がる。差し引きすれば、収支はこれだけ悪くなる。だから、新しい除草剤は使わないよ」。山根さんはびっくりした。「これは、すごいと。経営に関することは、データできちんと判断する。なるほど、これが本当の農業なんだと」

これが40年前の出来事であることに、驚いてしまう。山根さんは「アメリカのなかでも先進的な農業者だったんでしょうけど」とは言うものの、日本でいま同じ質問にデータをもって即答できる農家がどれだけいるだろうか。山根さんは次のようにも語っている。

「データで判断できなければ、農業経営はできないと思うんです。日本の農家の場合、この農薬を使ったらいいと勧めたら、コストや効果を考えずに使ってしまう。それこそ値段に関係なく。データを見ながら判断する農家を増やすことが、日本の農業を変えることにつながるでしょう」

3　ロボットを使うと効果がマイナスの場合も

無人状態で作業できるロボットでも効果は限定的か

前節では、ロボットを安易に導入すべきではないと主張した。それは、次のような予測に基づく研究結果を踏まえていることも伝えたい。

熟練者ばかりの大規模な稲作経営体が農業用ロボットを体系的に導入すると、むしろ最適な作付面積が減り、売上高が落ちてしまう――。こんな予測結果が発表された。一体どういうことなのか。

「稲作に関しては、現段階ではロボットを入れても、収量は上がらないんですね。省力化も今日の発表のような状況なので、現実に収量も上がらなくて、省力化の効果も少ないものは当然現場にはいらないという……。当たり前と言えば、当たり前なんですが、その結果が今日、極めてクリアーに出てきたのかなと」

九州大学農学研究院の南石晃明教授がこう語った。２０２１年5月に開かれた「農業情報学会」2021年度年次大会でのことだ。南石教授は同会の会長であり、スマート農業で稲作の革新を目指す「農匠ナビ1000」プロジェクトを率いてきた。先進的な稲作経営体や研究機関などと連携した同プロジェクトは、今では法人化して農匠ナビ株式会社になり、開発した自動水門を商品化した。

稲作のスマート農業を牽引する一人である南石教授が、こんな感想を語ったのは「農業イノベーションの最新動向と展望」と題された会議でのこと。稲作や施設園芸、畜産現場でのロボットの導入事例が次々と紹介される中、特に稲作における導入の前途多難さを感じさせる発表があったからだ。

発表者は農研機構・九州沖縄研究センターの馬場研太研究員。スマート農業の中でもロボットに焦点を当て、農機や水管理システムのロボット化が経営にどのような効果をもたらすか予測した。

具体的には、初心者ばかりで構成する経営体（初心者経営）と、熟練者ばかりの経営体（熟練者経営）を想定した。導入するロボットは四つで、田植機、コンバイン、トラクターと水管理に使うシステムだ。現状ではまだ現れていない「無人状態でシステムによってすべての作業を自律的に行うロボットを仮想的に想定」した。つまり、人間は別の作業に従事できる。
関東にある150ヘクタール規模の先進的な稲作経営体の経営に関するデータを踏まえ、予測した。労働力や降雨による作業の制約も加味している。

熟練者が導入するとマイナスに

結果、「初心者経営」は、ロボットを導入する効果が明確に出た。
「初心者経営につきましては、最適作付面積は47・6ヘクタール増加、また売上高も0・8億円の大幅な増加になります。このことから、初心者に対する農業用ロボットの技能代替効果は大きいと言えます」（馬場研究員）
一方で、「熟練者経営」は、むしろ足を引っ張られる結果になった。
「熟練者が有する高度な技能を代替できないロボットとなりますので、（中略）『作業リスク制約』の影響をより大きく受け、最適作付面積が11・8ヘクタールの減、売上高が0・2億円の減となります。いわゆる負の代替効果と言えるかと思います」（同）
「作業リスク制約」とは、特に降雨によって農作業の予定が左右されることを指す。ロボットの方が熟練者より作業効率が落ちる分、雨天などの影響もより大きくなって、経営への負の影響が大きくなる。

つまり、近未来に出現すると期待されている完全な無人状態での作業ができるロボットであっても、どの経営体でも入れた方が良いとはならない。従事者の技能水準によって、ロボットを入れる方がいい場合と、入れない方がいい場合があるという。熟練者ばかりの経営にとって、経営にプラスになる条件は「熟練者の技能水準以上の作業能率を発揮するより高度な農業用ロボットを導入すること」(同)になる。

四つのロボットを同時に入れる予測だったので、個別の機械を導入する場合には、また別の結果になるはずだ。

稲作は経営階層ごとの「モデル化」がまだできず

稲作では、ロボット農機といったスマート農業の技術を導入するか否かの経営判断ができる段階に達していない。こう指摘したのは、三重大学大学院生物資源学研究科の野中章久准教授(農業経済学)だ。

国内でロボットの導入が最も進んでいるのが、酪農だ。理由は、費用対効果を判断しやすいからである。

搾乳ロボット

北海道をはじめ先進的な大型の経営体で、人手をかけずに自動で搾乳できる搾乳機（上の写真）や牛が食べやすいようにエサを移動させるエサ押し機のロボット（次頁の写真）が活躍している。前者はトラックの荷台くらいの大きさで畜舎内に据え置き、その中に牛が入ると自動で乳房を洗浄し、搾乳機を取り付けて乳を搾る。人手に頼ると朝晩など決まった時間にしか搾乳できないが、ロボットだと搾乳の回数を増やせ、搾乳量の向上が可能だ。

後者は業務用掃除機のタンクと同じような大きさで、畜舎にある給餌用の通路を自走する。牛は柵の中から通路に顔を出してエサを食べるので、手前は食べやすいが、奥にあるエサは食べにくいうえに、食べている間に顔

右奥が自走式のエサ押しロボット

でさらに遠くに押しやってしまいがちだ。エサを食べやすい位置に人手で押しやるよりも、ロボットの方が頻繁に作業でき、牛の摂食量が増える。こうした機械は安くないが、省力化と搾乳量の増加につながると事前にそろばんをはじけるので、導入の経営判断をしやすい。労働時間を短縮できることで、将来このくらいの頭数まで規模を拡大できる、あるいは加工を手掛ける余力が出てくるといった予想が立つ。

その点、稲作はこの機械を入れることで、経営をこう変えていけるという予測を立てにくいと野中准教授は言う。稲作に使う既存の農機は、馬力や作業できる幅、大きさ、機能によって、この経営規模ならこの機械が適していると、メーカーのカタログを見ればはっきり分かるようになっている。一方で、スマート農業の技術に関しては「経営が大きければ使えるけど、小さいと使えないといった階層性がなかったりする」。

そのため、小規模の経営ならこの技術を、初心者による経営ならこの技術を入れるといいという経営の階層ごとの「モデル化」がまだできていないというのだ。

国の実証でスマート農業により収支は悪化

予測結果の発表とその後の議論が印象付けたのは、稲作へのロボット農機の導入が短期間には進みそうにないということ。南石教授はさらに「穀物に関しては、長期的に考えないと、スマート農業技術が目に見えて現場に普及していくのはなかなか難しいんじゃないか」とも踏み込んだ。

現場での実証実験も、そのことを証明している。農水省が2019年度から全国の農業現場で実施する「スマート農業実証プロジェクト」だ。その水田作についての中間報告（2020年10月）は、三つの農業法人における実証の結果を紹介している。自動で直進できるトラクターや薬剤散布用のドローン、スマートフォンやパソコンから農地ごとの作業の進捗を管理できる営農管理システムなどを導入し、その結果、いずれの法人とも収支が悪化した。機械費がかさみ、労働時間の削減による人件費の減少分を上回ってしまったからだ。

スマート農業への過度な期待は禁物である。機械やシステムの導入を進める以前に、農地が分散していて、しかも1枚の面積が狭いという先述した問題こそ、解決する必要がある。そのためには、保護農政と決別し、小規模零細農家の離農により、農地の集約を促さなければならない。

おわりに

まずは自らの不明を恥じなければならない。かねてより私は、大量離農を転機として、農政は、足腰が強くて発展性を持った日本農業を志向するように、名実ともになると考えていた。ただ、その考えは浅はかであったようだ。

確かに、第2次安倍政権のもとで、「農業の成長産業化」を目指す農政が2013年から動き出した。安倍首相は同年2月の施政方針演説で、次のように述べた。

「健康的な日本食は、世界でブームを巻き起こしています。四季の移ろいの中で、きめ細やかに育てられた、日本の農産物。世界で豊かな人が増えれば増えるほど、人気が高まることは間違いありません。そのためにも、『攻めの農業政策』が必要です。日本は瑞穂の国です。息を飲むほど美しい棚田の風景、伝統ある文化。若者たちが、こうした美しい故郷《ふるさと》を守り、未来に『希望』を持てる『強い農業』を創ってまいります」

つまりは、環太平洋パートナーシップ（TPP）協定に参加することを前提に、海外市場に打って出て、放っておけば縮小するだけの農業に別れを告げることにしたのだ。そのために取ってきた政策こそが、本書で取り上げた種苗法の改正や輸出の拡大、コメの減反政策の廃止と市場の創出、種子法の廃止、園芸の振興、スマート農業の推進などである。それぞれの政策に共通するのは、農業に関連する市場の改革と拡大をするのと同時に、民間の力を借りながら需要に応じて供給する力を強めていくというものだったと受け止めている。

だが、物事は願えば叶うわけではない。本書で取り上げた一連の政策が、有名無実化されていることは見てきたとおりだ。

そういう結果に至っているのは、一連の改革を恣意的にゆがめようとする人たちの思惑が影響しているのは確かだが、それ以上に、この国の農政が「農業の成長産業化」を志向するまでには成熟していないためであると理解している。すなわち、農業は守ってしかるべきであるという旧来からの認識を変えられない農政関係者が、圧倒的多数を占めたままだということである。そこには、決して少ないとはいえない利権が絡んでいることも事態を厄介にしている。ここまで書いてきたことが、そうした認識や事態を改める一助となれば幸いである。

本書の執筆は、窪田と山口が章ごとではなく節ごとに分担した。ただ、いずれの節についても、互いに手を入れることが入念だったため、どちらがどこを執筆したのかは明記しなかった。基本的に文責は双方にあると思ってもらって構わない。
本書を世に出すに当たっては、多くの方々にお世話になった。この場を借りて、深くお礼を申し上げる。

窪田新之助

2022年11月

主要参考文献

叶芳和『農業・先進国型産業論——日本の農業革命を展望する』（日本経済新聞社、1982年）
窪田新之助『GDP4%の日本農業は自動車産業を超える』（講談社、2015年）
窪田新之助『データ農業が日本を救う』（集英社インターナショナル、2020年）
佐々田博教『農業保護政策の起源——近代日本の農政1874〜1945』（勁草書房、2018年）
暉峻衆三『日本の農業150年——1850〜2000年』（有斐閣、2003年）
東畑精一『日本農業の変革過程』（岩波書店、1968年）
久松達央『農家はもっと減っていい——農業の「常識」はウソだらけ』（光文社、2022年）
本間正義『農業問題——TPP後、農政はこう変わる』（筑摩書房、2014年）
山下一仁『日本が飢える！——世界食料危機の真実』（幻冬舎、2022年）
Foreign Policy "In Sri Lanka, Organic Farming Went Catastrophically Wrong" 2022年3月5日

初出一覧

第一章　2「種苗法改正で露呈した農業における知的財産権の軽視」Wedge ONLINE　2022年8月11日

3「改正種苗法の完全施行で、変わったものと変わらないもの」SMART AGRI　2022年4月22日

第二章　1「日本〝農産物〟輸出1兆円を手放しで喜べないのはなぜ?」Wedge ONLINE　2021年9月16日

3「イチゴの生産で『世界最大』の植物工場が稼働　日本でなく、米国を拠点にした理由とは」マイナビ農業　2022年7月1日

第三章　3「膨らむ耕作放棄地　戦犯は誰だ」Wedge ONLINE　2021年12月23日

第四章　1「国が自画自賛する『みどりの食料システム戦略』の残念な中身」Wedge ONLINE　2021年11月9日

2「有機農業に憧れて就農した若者の多くが、なぜ3年で辞めるのか?」現代ビジネス

第五章　１「農水省もまだ関心が薄い『大連』に注目　中国コメ先物急拡大の歩み」月刊誌「農業経営者」２０２１年８月号
　２０２１年８月22日

第六章　１「農業革命　連載第３回　種子法廃止とは何だったのか」雑誌「ルネサンス」vol.12

第七章　１「アグリ・ブレイクスルー～農業ジャーナリストの考える農業の可能性『園芸の振興』」ヤンマー広報誌「FREY」vol.14　２０１９年 Spring
１「THE・コメ脱却」農業ビジネスマガジン vol.14　２０１６年７月
２「ルポ　農業大国オランダのビジネスモデルに学ぶ（下）」月刊誌「潮」　２０１７年11月号
２「『さが園芸８８８運動』に見る園芸振興のリアルな現実」SMART AGRI　２０２１年６月２日

第八章　３「熟練者の農業用ロボット導入はマイナス効果……稲作でのロボット活用の課題」SMART AGRI　２０２１年９月３日

＊いずれも、本書掲載にあたり大幅に加筆修正しています。右記以外は、書き下ろしです。

窪田新之助　農業ジャーナリスト。日本農業新聞記者を経て2012年よりフリー。著書に『日本発「ロボットAI農業」の凄い未来』『データ農業が日本を救う』『農協の闇』など。

山口亮子　ジャーナリスト。京都大学文学部卒、中国・北京大学修士課程（歴史学）修了。雑誌や広告などの企画編集やコンサルティングを手掛ける株式会社ウロ代表取締役。

Ⓢ新潮新書

976

誰《だれ》が農業《のうぎょう》を殺《ころ》すのか

著　者　窪田新之助《くぼたしんのすけ》　山口亮子《やまぐちりょうこ》

2022年12月20日　発行

発行者　佐藤隆信

発行所　株式会社 新潮社

〒162-8711　東京都新宿区矢来町71番地
編集部 (03) 3266-5430　読者係 (03) 3266-5111
https://www.shinchosha.co.jp

装幀　新潮社装幀室

組版　新潮社デジタル編集支援室

111頁図版製作　クラップス

印刷所　株式会社光邦

製本所　株式会社大進堂

ISBN978-4-10-610976-8 C0261

価格はカバーに表示してあります。

Ⓢ新潮新書

935
「やりがい搾取」の農業論
野口憲一
構造化した「豊作貧乏」から脱し、農家が農業の主導権を取り戻すためには何をすればいいのか。民俗学者にして現役レンコン農家の二刀流論客が、日本農業の成長戦略を考え抜く。

965
ドキュメント小説
ケーキの切れない非行少年たちのカルテ
宮口幸治
児童精神科医の六麦克彦が少年院で目にしたのは、罪を犯した加害者ながら、本来ならば保護されるべき「被害者」たちの姿だった——。累計100万部超えベストセラー新書を小説化。

953
韓国民主政治の自壊
鈴置高史
「従中・反米・親北」路線を貫き、民主政治を壊し続けた文在寅大統領。彼にクビにされた検事総長が新大統領になった今、韓国は変わるのか。朝鮮半島「先読みのプロ」による観察。

659
いい子に育てると犯罪者になります
岡本茂樹
親の言うことをよく聞く「いい子」は危ない。自分の感情を表に出さず、親の期待する役割を演じ続け、無理を重ねているからだ——。矯正教育の知見で「子育ての常識」をひっくり返す。

945
核兵器について、本音で話そう
太田昌克　兼原信克
高見澤將林　番匠幸一郎
日本を射程に収める核ミサイルは中朝露で計数千発。核に覆われた東アジアの現実に即した国家戦略を構想せよ！　核政策に深くコミットしてきた4人の専門家によるタブーなき論議。